R&D agricole en Afrique dans le nouveau millénaire

Des progrès pour les uns, des défis pour d'autres

Nienke Beintema et Gert-Jan Stads

Institut international de recherche sur les politiques alimentaires • Washington, DC
Indicateurs relatifs aux sciences et technologies agricoles • Rome, Italie

Avril 2011

À PROPOS DE L'IFPRI

L'Institut international de recherche sur les politiques alimentaires (IFPRI) a été fondé en 1975. Il est l'un des 15 centres de recherche agricole essentiellement financés par des États, des fondations privées et des organisations internationales et régionales, dont la plupart appartiennent au Groupe consultatif pour la recherche agricole internationale (CGIAR).

À PROPOS D'ASTI

Le projet ASTI sur les Indicateurs relatifs aux sciences et aux technologies agricoles (Agricultural Science and Technology Indicators) s'emploie à compiler, traiter et diffuser des données concernant les développements institutionnels et les investissements afférents à la R&D agricole au niveau mondial ; l'analyse de ces données décèle des tendances générales que l'équipe ASTI consigne dans ses diverses publications. En effet, le dévoilement de ces évolutions – selon une approche qui facilite l'établissement de comparaisons valables entre différents pays, organismes de recherche et époques – revête une importance cruciale pour les responsables politiques qui s'en servent pour se tenir au fait des enjeux politiques relatifs au domaine des sciences de l'agriculture. Le projet ASTI a pour objectif principal de fournir aux décideurs politiques et aux bailleurs de fonds une information internationalement comparable sur les investissements et les changements institutionnels relatifs à la recherche agricole, qui leur permettra de prendre des décisions avisées en matière de financement et de gestion/d'exploitation des agences consacrées aux sciences et aux technologies des secteurs public et privé. En effet, des décisions mieux étayées conduiront à systèmes de R&D plus performants et plus efficaces et auront pour résultat définitif une croissance plus élevée de la productivité du secteur agricole.

Le projet ASTI œuvre à travers un réseau d'organismes de R&D agricole nationaux, régionaux et internationaux. Il est géré par une équipe de l'Institut international de recherche sur les politiques alimentaires (IFPRI), centre de recherche du Groupe consultatif pour la recherche agricole internationale. La diffusion gratuite des données ASTI et des rapports qui en sont dérivés doit servir à des fins de définition de priorités et de formulation de politiques en matière de recherche agricole (http://www.asti.cgiar.org/fr).

Couverture et mise en page: Joan Stephens, JKS Design.

DOI: http://dx.doi.org/10.2499/9780896295445

Traduit de la version originale en anglais: Beintema, N. and G. J. Stads. African Agricultural R&D in the New Millennium: Progress for Some, Challenges for Many, IFPRI Food Policy Report 24 (Washington, DC: International Food Policy Research Institute, 2011).

ISBN 10-digit: 0-89629-544-3
ISBN 13-digit: 978-0-89629-544-5

Table des matières

Tableaux et Figures

Encadrés

Sigles, acronymes et abréviations

AGRA	Alliance pour une révolution verte en Afrique
ARC	Conseil de la recherche agricole [Afrique du Sud]
ARCN	Conseil de la recherche agricole du Nigeria
ASARECA	Association pour le renforcement de la recherche agricole en Afrique de l'Est et du Centre
ASTI	Indicateurs relatifs aux sciences et aux technologies agricoles
AWARD	Rôle des femmes africaines dans la recherche et le développement agricoles
CCARDESA	Centre de coordination de la recherche et du développement agricole de l'Afrique australe
CGIAR	Groupe consultatif pour la recherche agricole internationale
CNRA	Centre national de recherche agricole [Côte d'Ivoire]
CORAF/WECARD	Conseil ouest et centre africain pour la recherche et le développement agricoles
CSIR	Conseil pour la recherche scientifique et industrielle [Ghana]
DRD	Département de la recherche et du développement [Tanzanie]
EAAPP (PPAAE)	Programme de productivité agricole en Afrique de l'Est (Banque mondiale)
EIAR	Institut éthiopien de recherche agricole
ÉTP	équivalent temps plein
FARA	Forum pour la recherche agricole en Afrique
FIRCA	Fonds interprofessionnel pour la recherche et le conseil agricoles [Côte d'Ivoire]
IAC	Conseil interacadémique
IFPRI	Institut international de recherches sur les politiques alimentaires
INRAN	Institut national de la recherche agronomique du Niger
ISRA	Institut sénégalais de recherches agricoles
KARI	Institut de recherche agricole du Kenya
MSIRI	Institut de recherches de l'industrie sucrière de l'île Maurice
NARO	Organisation nationale de recherche [Ouganda]
NARI	les instituts nationaux de recherche agricole
NEPAD	Nouveau partenariat pour le développement de l'Afrique
PDDAA	Programme détaillé de développement de l'agriculture en Afrique
PIB	produit intérieur brut
PIBA	produit intérieur brut agricole
PNASA	Projet national d'appui aux services agricoles [Côte d'Ivoire]
PPA	Parité de pouvoir d'achat
PPAAO/WAAPP	Programme de productivité agricole en Afrique de l'Ouest [Banque mondiale]
R&D	recherche et développement
RARI	les instituts régionaux de recherche agricole
S&T	science(s) et technologie(s)
SADC	Communauté de développement de l'Afrique australe
UA	Union africaine

Remerciements

Le présent rapport a pu être réalisé grâce à un financement de la part de la Fondation Bill et Melinda Gates et des fonds supplémentaires alloués par l'Institut international de recherche sur les politiques alimentaires. Les auteurs tiennent à remercier les collaborateurs nationaux ainsi que les autres représentants de plus de 370 organismes de recherche agricole qui ont participé aux enquêtes nationales : ce rapport n'aurait pu être mené à bonne fin sans leur coopération précieuse. Les auteurs sont reconnaissants à Kathleen Flaherty et Michael Rahija de l'excellence des contributions qu'ils ont apportées à cet ouvrage et ils expriment également leur reconnaissance aux deux critiques anonymes qui ont revu et annoté une version préliminaire du document.

Donateurs et partenaires

L'action de l'IFPRI dans les domaines de la recherche, du renforcement des capacités et de la communication est rendue possible grâce à l'appui financier de ses donateurs et partenaires. L'Institut remercie l'Afrique du Sud, l'Allemagne, l'Australie, la Banque Mondiale, le Canada, la Chine, le Danemark, les États-Unis, les Philippines, la Finlande, la France, l'Inde, l'Irlande, l'Italie, le Japon, la Norvège, les Pays-Bas, le Royaume-Uni, la Suède et la Suisse pour leur contribution généreuse sous forme de fonds non réservés.

Résumé analytique

Suite à la période de stagnation qui a marqué les années 1990, une reprise des investissements et des effectifs consacrés à la recherche et développement (R&D) agricole en Afrique subsaharienne a entraîné un taux de croissance moyen supérieur à 20 % au cours des années 2001–2008. En 2008, la région dépensa 1,7 milliard de dollars (en parité de pouvoir d'achat, valeur 2005) en R&D agricole – soit 0,8 milliard de dollars É-U constants de 2005 – et l'effectif total de chercheurs agricoles exprimé en équivalents temps plein (ÉTP) dépassa les 12 000. À noter, cependant, que cette reprise ne s'est manifestée que dans un petit nombre de pays et qu'elle s'explique principalement par l'engagement de certains gouvernements à rectifier des niveaux de salaires totalement inadéquats et à appuyer la réhabilitation des infrastructures délabrées, souvent par suite d'années de sous-investissement. En effet, de nombreux pays doivent relever le défi fondamental que représente la faiblesse de leurs ressources humaines et financières – et parmi eux, tout particulièrement les pays de l'Afrique de l'Ouest francophone, où la fragilité extrême des systèmes de financement constitue une véritable menace. Ces pays ont accusé des baisses d'investissements si importantes qu'ils sont tombés dans une dépendance critique de l'aide extérieure, souvent très instable. Pour ce qui est des capacités humaines : malgré la croissance des effectifs enregistrée pour l'ensemble de la région, un certain nombre de pays ont vu se détériorer le niveau moyen des qualifications universitaires. Ainsi, certains pays ont signalé des arrivées massives – souvent déclenchées par la fin d'un gel de recrutement prolongé – de scientifiques n'ayant qu'une formation de 1er cycle ; ces afflux grèvent les budgets de formation déjà insuffisants et dépassent de loin les possibilités qu'ont les instituts d'assurer un encadrement approprié, vu leur manque de scientifiques cadres, ce dû à plusieurs années de non-remplacement de chercheurs partis à la retraite ou qui ont démissionné pour d'autres raisons.

Cependant, en dépit de tous les obstacles, le renouveau d'intérêt pour la R&D agricole de la part des gouvernements et des bailleurs de fonds semble indiquer que nombre de pays africains peuvent s'attendre à voir s'améliorer leur situation de R&D agricole. Les initiatives régionales constituent également un facteur clé : elles permettent d'améliorer la coordination et de renforcer les collaborations de recherche et elles veillent sur le respect des priorités et sur l'efficacité des démarches. En augmentant de façon durable leurs investissements, les gouvernements nationaux, les organisations régionales et internationales et les bailleurs de fonds appuieront de manière effective la stabilisation des niveaux de financement et de capacité consacrés à la R&D et la réalisation de progrès réels partout dans la région.

L'examen des recommandations stratégiques émises dans différents rapports et comptes rendus de conférences de haut niveau, ainsi que la prise en considération des diverses contraintes de ressources financières et humaines décrites dans le présent rapport, ont abouti à l'identification de quatre domaines thématiques clés, dont les implications politiques devront être assumées par les gouvernements, les bailleurs de fonds et d'autres parties prenantes. Les thématiques peuvent se résumer comme suit : (1) le sous-investissement dans la R&D agricole dure depuis plusieurs décennies ; (2) une volatilité excessive caractérise les niveaux annuels d'investissement ; (3) la faiblesse des capacités en matière de ressources humaines présente des défis actuels et imminents ; (4) il faut maximiser les collaborations de R&D régionales et sous-régionales.

Introduction

Les raisons du suivi des ressources allouées à la R&D agricole

Tel qu'il ressort d'une recherche empirique approfondie, les investissements réalisés dans la recherche et le développement (R&D) agricole ont – au cours des cinq dernières décennies – contribué de manière significative à la croissance économique, au développement agricole et à la réduction de la pauvreté dans les régions en développement (Banque mondiale 2007a ; EICASTD 2008). La diffusion de nouvelles technologies et de nouveaux cultivars mis au point grâce à ces investissements a permis d'augmenter et d'améliorer la production agricole (volume et qualité) tout en veillant à la durabilité ; elle a de plus entraîné des réductions des prix alimentaires à la consommation et favorisé l'accès aux marchés des producteurs ruraux, en assurant également, au sein des ménages ruraux, une meilleure distribution des ressources et des tâches entre hommes et femmes. Confrontés à d'importants défis, à savoir une croissance démographique accélérée, l'intensification des changements climatiques, la variabilité du temps, la pénurie d'eau et la volatilité des prix sur les marchés mondiaux, les décideurs politiques se rendent de plus en plus compte qu'il faut investir dans la R&D agricole si l'on veut réussir à augmenter la productivité de l'Afrique subsaharienne.

La Déclaration de Maputo de 2003 renferme une recommandation à tous les États membres de l'Union africaine (UA) d'accroître leurs investissements agricoles au moins jusqu'à 10 % de leur budget national. Pour évaluer les progrès réalisés à cet égard, le Programme détaillé de développement de l'agriculture en Afrique (PDDAA) géré par le Nouveau partenariat pour le développement de l'Afrique (NEPAD) de l'UA s'est chargé de suivre les dépenses réalisées dans le secteur agricole des pays où l'agriculture joue un rôle économique prépondérant, en les évaluant par rapport à l'objectif de croissance du produit intérieur brut agricole (PIBA) fixé à un taux annuel de 6 %. Pendant la période 2000–2008, le PIB moyen de la région s'est accru de plus de 5 % par an – ce qui représente une croissance deux fois plus rapide qu'au cours des deux décennies précédentes – mais le taux de croissance annuel moyen du PIBA n'était que de 3 % (Rapport du Panel de Montpellier 2010).

Un des quatre piliers de base du PDDAA porte sur l'augmentation des investissements consacrés à la recherche, à la vulgarisation, à l'éducation et à la formation axées sur l'agriculture, ce comme moyen de favoriser l'accroissement de la productivité agricole (NEPAD–CAADP 2010). En outre, le Conseil ministériel africain sur la science et la technologie du NEPAD a élaboré et adopté un « Plan d'action consolidé pour la science et la technologie (S&T) ». Ce plan prévoit de substantielles augmentations des budgets nationaux affectés à la R&D, en demandant à chaque État de prendre des mesures concrètes en vue d'allouer au moins 1 % du PIB à la R&D (NEPAD 2006). Pour pouvoir mener, aux niveaux national et régional, des activités de suivi et de « benchmarking » en vue d'évaluer les intrants, les résultats et les performances des systèmes de S&T agricoles, de même que pour mesurer les progrès réalisés vis-à-vis des objectifs de S&T fixés par le PDDAA, il faut absolument disposer de données quantitatives. Les indicateurs S&T constituent un outil indispensable pour estimer la contribution des S&T agricoles à la croissance du secteur agricole et, de façon plus générale, de l'économie. Les responsables politiques et les directeurs de recherche s'y réfèrent pour élaborer des politiques et prendre des décisions en matière de planification stratégique, de définition de priorités, de suivi et d'évaluation. Et ces indicateurs apportent une information utile aux autorités et autres parties qui participent au débat public sur l'état des S&T agricoles aux niveaux tant national, que régional et international.

Le présent rapport fait le point sur les tendances à long terme des investissements et des ressources humaines affectés à la R&D agricole publique en Afrique subsaharienne, en se focalisant sur les évolutions observées au cours des années 2000–2008. L'analyse s'appuie sur les études, publiées sous forme de notes de pays, qu'a réalisées le Programme sur les indicateurs relatifs aux sciences et aux technologies (ASTI) de l'Institut international de recherche sur les politiques alimentaires (IFPRI), en se servant des séries de données détaillées tirées d'enquêtes primaires menées au cours des années 2009–2010. L'échantillon étudié comprend 32 pays qui participent à plus de 90 % du PIB agricole de l'ensemble de la région[1]. Ces séries de données ont été mises en liaison avec des données ASTI se rapportant aux investissements et ressources humaines de la région recueillies en 2002–2003, ainsi qu'avec des séries de données mondiales ASTI, afin de pouvoir élargir le contexte, d'une part en présentant l'évolution dans le temps des investissements en R&D agricole en Afrique subsaharienne et d'autre part en effectuant des comparaisons avec d'autres régions[2]. En conclusion de l'analyse, une série d'orientations futures : des mesures qui devront être prises pour aider de nombreux pays à relever les défis qui se posent actuellement au niveau de leurs ressources financières et humaines.

Le cadre institutionnel actuel de la R&D agricole dans les pays de l'Afrique subsaharienne

Si depuis 2000, la structure institutionnelle de la recherche agricole est restée constante dans la plupart des pays de l'Afrique subsaharienne[3], on note toutefois deux grandes exceptions : le Mozambique et la Tanzanie. L'établissement, en 2005, de l'Institut de recherche agricole du Mozambique avait pour but de centraliser toutes les recherches – agronomiques, vétérinaires, zootechniques et sylvicoles (Flaherty, Mazuze et Mahanzule 2010). Par contraste, la Tanzanie est revenue sur une décision antérieure de rassembler toutes les activités de recherche du pays en les plaçant sous le Département de la recherche et du développement (DRD), en créant plutôt une agence consacrée aux activités de R&D liées à l'élevage. Dans certains autres pays, les systèmes de R&D ont également subi d'importants changements structurels. En Ouganda, par exemple, les efforts visant à rendre l'Organisation nationale de recherche agricole (NARO) mieux capable de répondre aux besoins de ses clients et de surveiller et guider ses prestations de services de R&D agricoles, l'ont transformée d'agence en consortium (Flaherty, Kitone et Beintema 2010). Au Nigeria, la création du Conseil de la recherche agricole du Nigeria (ARCN) visait l'amélioration de la coordination et des liaisons aussi bien entre organismes de recherche qu'entre prestataires de recherche et clients ; l'ARCN devait aussi redresser les doubles emplois causés par des chevauchements de mandat au sein des instituts (Flaherty et al. 2010a).

Dans la plupart des pays de plus petite taille, c'est un nombre réduit d'organismes gouvernementaux et de facultés universitaires qui s'occupe de la recherche agricole ; les systèmes de recherche de grands pays tels le Kenya, le Ghana, le Nigeria, l'Afrique du Sud et le Soudan sont, logiquement, bien plus complexes. On note toutefois que dans la majorité des pays d'Afrique subsaharienne, c'est un seul organisme national de recherche agricole qui absorbe le gros des investissements et des ressources humaines consacrés à la R&D agricole. Citons en exemple l'Institut national de recherche agricole du Niger (INRAN), l'Institut togolais de recherche agricole et l'Institut national de recherche agricole en Érythrée. Dans certains pays, une organisation faîtière, telle que le Conseil pour la recherche scientifique et industrielle (CSIR) du Ghana ou le Conseil de la recherche agricole (ARC) de l'Afrique du Sud, chapeaute un grand nombre de centres axés chacun sur une filière ou un thème donné, dont elle surveille et coordonne les activités de R&D ; en revanche, dans un pays comme la Mauritanie, les agences nationales de recherches agronomiques, zootechniques et halieutiques fonctionnent indépendamment les unes des autres et sans qu'il y ait une structure de coordination. Dans l'ensemble de la région, c'est toujours les organismes d'État qui dominent la recherche agricole, mais leur part relative est en diminution. En 1991, en Afrique subsaharienne, les organismes gouvernementaux occupaient en moyenne 82 % des effectifs de R&D agricole publique, comptés équivalents temps plein (ÉTP), mais depuis cette part a diminué : en 2008, elle était de 73 % (une explication des ÉTP est fournie dans l'encadré 1).

S'agissant des 32 pays étudiés dans le cadre de cette analyse – ci-après appelés « pays ASTI » – on note que le nombre absolu de chercheurs ÉTP employés dans le secteur de l'enseignement supérieur a plus que doublé entre 1991 et 2008. La cause principale de ce redoublement est la création de nouvelles unités de recherche agricole au sein de ce secteur. La plupart de ces nouvelles agences se trouvent au Nigeria et au Soudan. Or, malgré leur nombre élevé et toujours croissant, ces agences n'ont généralement, à l'échelle individuelle, qu'une capacité de recherche modeste exprimée en termes d'effectifs ÉTP. Entre 1991 et 2008, la part de l'effectif total (en ÉTP) de recherche agricole publique que représente le secteur de l'enseignement supérieur, est passée de 15 % à 24 %. Si le nombre d'heures consacrées à des activités de recherche a progressivement augmenté au fil du temps, il n'en reste pas moins vrai qu'en 2008, les chercheurs consacraient, en moyenne, moins d'un quart de leur temps de travail à la recherche.

On note, par contre qu'au cours de cette même période, la part du secteur à but non lucratif a légèrement augmenté, en passant de 2 % à 3 %. Dans l'ensemble, la croissance de ce secteur a été plus lente que celle des deux autres secteurs. En Afrique subsaharienne, la plupart des institutions à but non lucratif sont associées à des organisations de producteurs et leur financement provient en grande partie des impôts levés sur la production ou l'exportation. Dans certains pays, dont le Bénin, le Togo et Madagascar, on trouve d'autres formes d'organismes à but non lucratif, mais ceux-ci ne jouent qu'un rôle limité dans la recherche agricole.

Pour ce qui est de la R&D agricole privée en Afrique subsaharienne, on n'a pu obtenir que peu d'information sur les tendances relatives aux investissements et ressources humaines de ce secteur[4]. La plupart des sociétés privées à but lucratif continuent de sous-traiter leurs recherches à des organismes gouvernementaux ou bien à des universités, ou encore elles importent des technologies mises au point à l'étranger. Seul un nombre restreint de sociétés privées gèrent un programme de recherche propre et, le cas échéant, elles n'emploient qu'une poignée de chercheurs. On estime qu'en 2000, la recherche du secteur privé n'a absorbé que 2 % de tous les investissements dans la R&D agricole, tant privés que publics ; et les deux tiers de ces investissement ont été réalisés dans un seul pays, à savoir l'Afrique du Sud (Beintema et Stads 2006).

Il est important de noter que depuis l'an 2000, la R&D agricole nationale de l'Afrique subsaharienne se caractérise de plus en plus par les liens d'interaction entre les pays de la région. Le Forum pour la recherche

Encadré 1—Comment mesurer les ressources de la R&D agricole ?

Les parités de pouvoir d'achat (PPA) : l'unité de préférence pour estimer les investissements dans la R&D agricole

La comparaison des données afférentes à la R&D s'avère complexe puisque les niveaux de prix varient beaucoup d'un pays à l'autre. S'agissant des dépenses nationales consacrées à la R&D agricole, les composantes les plus importantes sont les dépenses salariales et les dépenses de fonctionnement locales, bien plus que les investissements qui se réalisent sur les marchés internationaux. Par exemple, un ouvrier agricole ou un assistant de laboratoire employé dans un établissement de recherche situé au Kenya gagne beaucoup moins que s'il travaillait dans n'importe quel pays européen. Pareillement, un mobilier de bureau fabriqué sur place au Sénégal revient bien moins cher qu'un ensemble de meubles similaires acheté aux États-Unis.

Le recours aux taux de change du marché semble un choix logique lorsque l'on cherche à mesurer les flux financiers entre les pays. Toutefois, s'il s'agit de comparer des données économiques, l'utilité de cet instrument de conversion monétaire se révèle peu satisfaisante. À l'heure actuelle, pour calculer l'importance relative d'économies différentes ou d'autres données économiques, telles que les dépenses consacrées à la R&D agricole, il semble préférable de se référer à un ensemble de parités du pouvoir d'achat (PPA). Les valeurs PPA mesurent le pouvoir d'achat relatif de devises de différents pays en éliminant les différences des niveaux de prix exprimés en monnaie nationale de toute une gamme de biens et de services. Les PPA s'appliquent également à la conversion de prix actuels du produit intérieur brut (PIB) de pays divers dans une même unité monétaire commune. De plus, les valeurs PPA demeurent relativement constantes au fil du temps, tandis que les taux de change de devises varient considérablement (se référer, par exemple, aux fluctuations du taux de change dollar ÉU–euro de ces dernières années).

La notion de chercheurs équivalent temps plein (ÉTP)

Dans l'analyse ASTI, les données financières et les données relatives aux ressources humaines sont calculées en se basant sur le nombre d'emplois en équivalent temps plein, ou ÉTP, qui tient compte de la proportion du temps de travail que les scientifiques consacrent effectivement aux activités de R&D. Par exemple, au sein des universités, les employés passent la majeure partie de leurs temps de travail à effectuer des activités qui ne relèvent pas de la recherche (enseignement, administration et encadrement), activités qu'il faut exclure de tout calcul axé sur les ressources afférentes à la recherche. On peut en déduire que quatre enseignants universitaires, dont on estime que chacun consacre un quart de son temps à des travaux de recherche, représentent collectivement 1 ÉTP, chacun comptant individuellement pour 0,25 ÉTP.

Sources : Beintema et Stads (2008a, 2011 à paraître) et le site web ASTI (www.asti.cgiar.org/fr/methode-et-procedures).

agricole en Afrique (FARA), l'Association pour le renforcement de la recherche agricole en Afrique de l'Est et du Centre (ASARECA), le Conseil ouest et centre africain pour la recherche et le développement agricoles (CORAF/WECARD) et le Directorat « Alimentation, agriculture et ressources naturelles » de la Communauté de développement de l'Afrique australe (SADC)[5] ont réalisé des progrès considérables dans le domaine de la coordination d'activités de recherche agricole conjointes menées dans les pays membres, ce par l'instauration de plusieurs réseaux de recherche. Ces réseaux se sont avérés être une méthode efficace de collaboration et de partage d'information. Ils permettent à certains systèmes nationaux de recherche agricole de se spécialiser dans des domaines donnés et leur utilité est particulièrement grande pour les pays de petite envergure dépourvus d'un point critique de compétences en R&D agricole. Il n'empêche, cependant, que les pourparlers en vue d'une entente commune sur les priorités régionales sont souvent laborieux en raison de la ténacité des pays membres à poursuivre l'autosuffisance dans les domaines de R&D agricole où ils sont faibles (IAC 2004).

En dehors des réseaux régionaux, il y a aussi les centres du Groupe consultatif sur la recherche agricole internationale (CGIAR) dont la plupart ont des antennes en Afrique, souvent amplement dotées d'installations et de personnel de recherche. Ces centres constituent une source clé d'innovation agricole bénéficiant à de nombreux pays, car c'est eux qui fournissent les nouveaux cultivars que les agences nationales de R&D soumettent ensuite à des essais dans les conditions locales. Parmi les autres organisations internationales et régionales qui ont une présence en Afrique subsaharienne et qui y conduisent des recherches agricoles, on distingue le Centre de coopération internationale en recherche agronomique pour le développement (France), l'Institut de recherche pour le développement (France) et le Centre mondial des légumes. L'analyse présentée dans ce rapport étant centrée sur les investissements et les capacités à l'échelon national, elle ne tient pas compte des investissements et des effectifs relatifs à ces centres internationaux.

Vue d'ensemble

Comparaison des niveaux d'investissements et d'effectifs des différents pays

Les niveaux absolus de dépenses et de ressources humaines consacrées à la R&D, relevés pour les 32 pays ASTI, varient considérablement d'un pays à l'autre (tableau 1). En 2008, les investissements du Nigeria, de l'Afrique du Sud et du Kenya s'élevaient à respectivement à 404 millions, à 272 millions et à 171 millions de dollars, tandis que 11 autres pays ont dépensé moins de 10 millions chacun, tous ces montants étant exprimés en dollars dits en parité de pouvoir d'achat (PPA) et ajustés de l'inflation (voir l'encadré 1 pour une explication sur les dollars PPA). Les niveaux d'investissements signalés par certains pays étaient si faibles qu'il est fort peu probable qu'ils aient une influence durable sur le développement rural et la réduction de la pauvreté (Beintema and Stads 2006). La répartition des effectifs de recherche par pays présente une courbe similaire : en 2008 l'Éthiopie, le Kenya, le Nigeria et le Soudan employaient chacun plus de 1 000 chercheurs ÉTP, tandis que neuf autres pays occupaient moins de 100 ÉTP.

Tableau 1—Dépenses et effectifs consacrés à la R&D agricole : niveaux absolus, 2008

Dépenses totales (dollars PPA 2005)			Effectifs de chercheurs (équivalent temps plein)		
> $50 millions	$10 à 50 millions	< $10 millions	> 500	100 à 500	< 100
Nigéria (404)	Côte d'Ivoire (43)	Burundi (9)	Nigéria (2 062)	Mali (313)	Botswana (97)
Afrique du Sud (272)	Sénégal (25)	Togo (9)	Éthiopie (1 318)	Ouganda (299)	Niger (93)
Kenya (171)	Mali (25)	Zambie (8)	Soudan (1 020)	Mozambique (263)	Mauritanie (74)
Ghana (95)	Botswana (23)	Mauritanie (6)	Kenya (1 011)	Burkina Faso (240)	Rép. du Congo (71)
Ouganda (88)	Maurice (22)	Niger (6)	Afrique du Sud (784)	Guinée (229)	Namibie (70)
Tanzanie (77)	Namibie (22)	Sierra Leone (6)	Tanzanie (674)	Madagascar (212)	Sierra Leone (67)
Éthiopie (69)	Bénin (22)	Rép. du Congo (5)	Ghana (537)	Zambie (209)	Togo (63)
Soudan (51)	Malawi (21)	Guinée (4)		Maurice (158)	Gabon (61)
	Burkina Faso (19)	Érythrée (3)		Sénégal (141)	Gambie (38)
	Rwanda (18)	Gambie (3)		Zimbabwe (139)	
	Mozambique (18)	Gabon (2)		Malawi (127)	
	Madagascar (12)			Côte d'Ivoire (123)	
				Érythrée (122)	
				Bénin (115)	
				Burundi (107)	
				Rwanda (104)	

Source : compilation effectuée par les auteurs en utilisant les résultats d'enquêtes nationales ASTI ainsi que des données de sources secondaires. (Pour en savoir plus, se référer aux Notes de pays/Country Notes ASTI en visitant le site web ASTI www.asti.cgiar.org/fr.)

Notes : les dépenses et effectifs totaux pour l'année 2008 sont présentés entre parenthèses. Les données relatives aux investissements au Zimbabwe n'étaient pas disponibles. Pour certains pays, les chiffres présentant les dépenses totales diffèrent de ceux présentés dans les Notes de pays/Country Notes ASTI parce que la Banque mondiale a récemment modifié leur déflateur du PIB ; cette variation était de l'ordre de 2 % à 20 % pour le Kenya, la Guinée, Madagascar, Maurice, le Mozambique, le Nigeria et la Zambie. Pour mieux connaître les méthodes de collecte et de calcul des données ASTI, se rendre à la page http://www.asti.cgiar.org/fr/methode-et-procedures ; voir également Beintema and Stads 2011 (parution prochaine, en anglais).

Or l'analyse des niveaux de dépenses absolus ne fournit qu'une explication limitée. Une autre façon de comparer l'engagement d'une série de pays à investir dans la R&D agricole publique consiste à considérer le total des dépenses publiques de R&D agricole comme pourcentage du PIBA. Cette mesure relative indique le degré d'intensité des investissements réalisés dans la recherche agricole, plutôt que le seul niveau absolu des dépenses. On note ainsi qu'en l'an 2008, l'Afrique subsaharienne avait investi, en moyenne, 0,61 dollars ÉU pour chaque 100 dollars ÉU de produits agricoles (figure 1A), ce qui était en deçà de l'objectif d'investissement national en R&D agricole du NEPAD (au moins 1 % du PIB). Sur l'ensemble des 31 pays ASTI pour lesquels les données pertinentes étaient disponibles (le Zimbabwe étant exclu), seuls 8 pays ont réalisé l'objectif de 1 %. En 2008, le Burundi, le Kenya, la Mauritanie, la Namibie, l'Afrique du Sud et l'Ouganda ont enregistré des taux variant entre 1,2 % et 2,0 %, alors que des taux particulièrement élevés furent relevés à Maurice (3,9) et au Botswana (5,2 %). Dans le cas de Maurice, le taux reflète le niveau élevé d'investissement dans les recherches sur la canne à sucre. Par contraste, un grand nombre de pays ont consigné des taux d'intensité inférieurs ou égaux à 0,5 %.

Figure 1—Dépenses et effectifs consacrés à la R&D agricole : niveaux relatifs, 2008

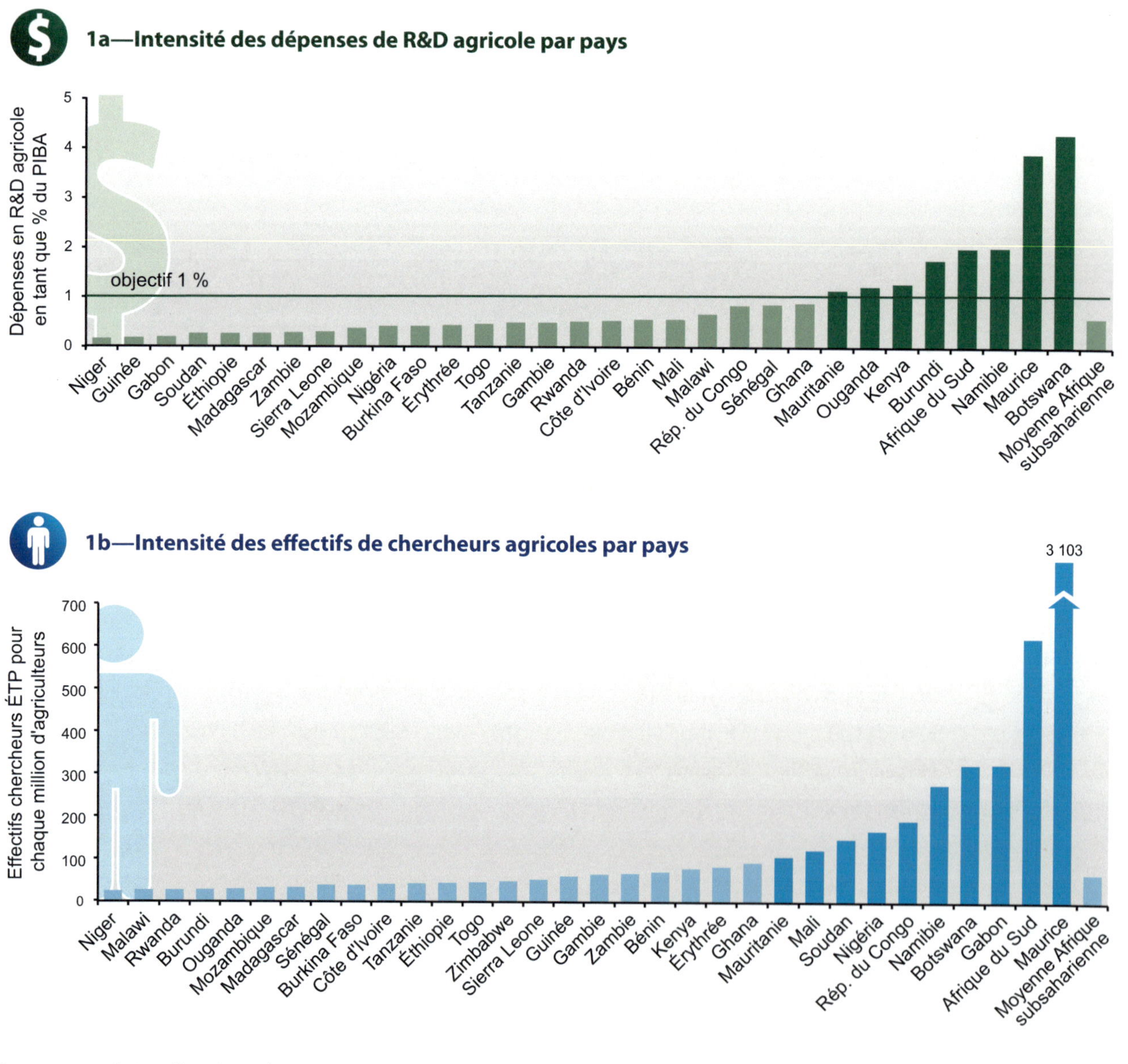

Sources : compilation effectuée par les auteurs en utilisant les résultats d'enquêtes nationales ASTI ainsi que des données de sources secondaires (cf. les Notes de pays/Country Notes ASTI). Les données relatives au PIBA sont celles de la Banque mondiale 2010. Les données relatives à la population économiquement active (ou « force de travail agricole ») sont celles de la FAO 2009.

Notes : Pour le Kenya, et aussi (mais moins nettement) pour le Bénin, la Côte d'Ivoire, l'Érythrée, la Guinée, Maurice, le Niger, la Sierra Leone et l'Ouganda, les chiffres relatifs aux dépenses totales se distinguent de ceux présentés dans les Notes de pays ASTI correspondantes, en raison d'une révision récente de leur déflateur par la Banque mondiale.

Une autre méthode qui permet de mieux comparer la situation dans une série de pays consiste à jauger les effectifs ou bien les dépenses de recherche par rapport à des données démographiques, en considérant soit la population totale, soit la population économiquement active dans l'agriculture (figure 1B)[6]. En 2008, l'Afrique subsaharienne occupait 68 chercheurs ÉTP pour chaque million de membres de la force de travail agricole. Là encore, les pays ASTI affichent de grandes variations. Le Botswana, le Gabon et la Namibie employaient plus de 200 chercheurs ÉTP par tranche d'un million de personnes économiquement actives dans l'agriculture. Le taux particulièrement élevé enregistré à Maurice (3 103 ÉTP) reflète à nouveau le rôle prépondérant que ce pays joue dans le domaine de la recherche sur la canne à sucre. On note qu'au Gabon, au Nigeria et au Soudan les taux d'intensité calculés sur la base des effectifs de recherche étaient plus élevés que ceux basés sur les dépenses de recherche.

Bien que les taux d'intensité permettent de mieux se représenter les niveaux relatifs d'investissements et de dépenses d'un groupe de pays, ils ne tiennent compte ni du cadre politique et institutionnel dans lequel se poursuit la recherche, ni de la dimension et de la structure au sens élargi de l'économie et du secteur agricole d'un pays donné. Par exemple, comme, à la différence des grands pays, les pays de petite envergure ne peuvent pas réaliser d'économies d'échelle, ils requièrent des investissements de ressources financières et humaines plus importants. Chose plus importante, une intensité élevée peut en fait refléter une réduction de la production agricole, plutôt qu'une augmentation de l'investissement, comme c'est le cas au Botswana. Pour une bonne intelligence des implications des taux d'intensité relatifs à une série de pays, il faut procéder à analyse détaillée des données.

Investissements et effectifs : des évolutions inégales dans le temps

Vers la fin du 20ème siècle, la R&D agricole en Afrique subsaharienne manifesta une instabilité plus grande que d'autres régions du monde, due principalement aux troubles d'ordre politique et à de graves problèmes sociaux et économiques mais reflétant aussi la vulnérabilité des organismes. Dans bon nombre de pays, les niveaux de dépenses étaient fluctuants et la croissance globale s'est peu à peu ralentie (Beintema et Stads 2006). Or cette tendance semble s'être inversée depuis, du moins dans le cas de l'agrégat relatif à la période 2001–2008. En 2008, les investissements de R&D agricole publique de l'ensemble de l'Afrique subsaharienne – calculés sur la base des données afférentes aux 32 pays ASTI et d'estimations effectuées pour 14 autres (petits) pays – se chiffraient à 1,7 milliard de dollars PPA ajustés de l'inflation, soit à 0,8 milliard de dollars ÉU constants de 2005. Cette hausse de près de 20 % par rapport au total enregistré en 2001 de 1,4 milliard de dollars PPA de 2005 – soit au 0,6 milliard de dollars ÉU de 2005 – marque une rupture de tendance par rapport à la lente augmentation (au taux annuel de 1 %) des investissements en R&D agricole réalisés au cours des années 1990 (figure 2A)[7]. L'ensemble des investissements en R&D agricole publique de l'Afrique subsaharienne en 2008 affichait un ordre de grandeur comparable à celui de certains pays particuliers dont le niveau d'investissement est élevé tels que le Brésil et l'Inde (encadré 2).

Les décennies 1970 et 1980 furent marquées par une forte croissance des capacités humaines consacrées à la R&D agricole, les taux annuels étant respectivement de 5,4 % et 3,8 %, mais le rythme s'est ralenti au cours des années 1990, le taux baissant à 1,3 % seulement par an. Or depuis le tournant du millénaire, on constate une nouvelle reprise de la hausse des effectifs de recherche. Dans certains pays, cette accélération devint sensible une fois que l'interdiction de recrutement à durée indéterminée avait été levée, tandis que dans d'autres elle eut pour cause l'intensification de la participation à la recherche agricole du secteur de l'enseignement supérieur. En 2008, l'effectif de recherche de l'Afrique subsaharienne équivalait à 12 120 ÉTP, à comparer avec 9 824 ÉTP en 2001.

La croissance relative, exprimée sous la forme de taux d'intensité, a elle aussi connu une reprise depuis le tournant du millénaire. Le taux d'intensité évoqué plus haut, à savoir 0,61 dollar d'investissement pour chaque 100 dollars de production agricole, représenta déjà un progrès sensible par rapport à la moyenne de 0,49 dollar enregistrée vers la fin des années 1990 (figure 2B). Ce progrès est attribuable d'une part à la faible croissance évoquée précédemment des dépenses en R&D agricole au cours de cette décennie-là et d'autre part à des augmentations plus importantes du PIBA. Bien que le ratio d'intensité de l'Afrique subsaharienne ait augmenté depuis 2000, il demeure inférieur aux taux enregistrés vers la fin des années 1980 et le début des années 1990.

Il ressort de l'analyse des données recueillies à l'échelle nationale que l'augmentation régionale des dépenses et des capacités humaines – à hauteur d'environ 20 % au cours de 2001–2008 – est principalement attribuable à un petit nombre de pays. En effet, plus d'un tiers de l'accroissement des dépenses publiques de R&D agricole relatives à cette période était dû à une hausse de 110 millions de dollars des investissements réalisés au Nigeria. Le Ghana, le Soudan, la Tanzanie et l'Ouganda ont également accusé des augmentations relativement importantes, chacun de ces pays ayant enregistré une

Figure 2—Évolutions des dépenses et des effectifs totaux affectés à la R&D agricole, 1971–2008

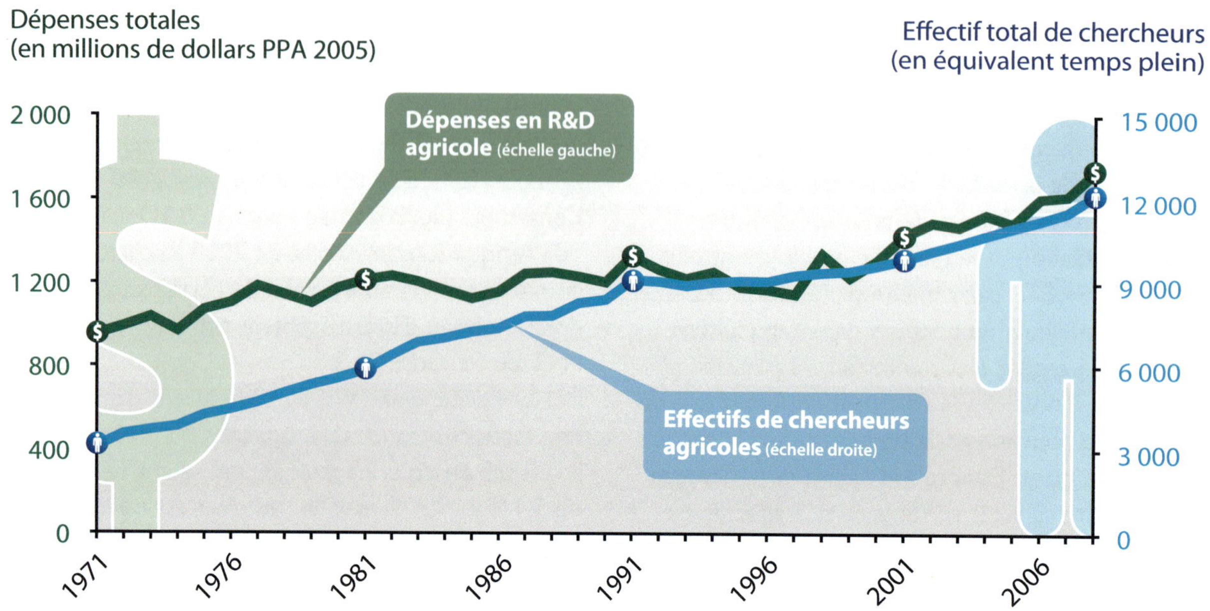

Dépenses totales

1971	**$ 963 millions**
1981	**$ 1 218 millions**
1991	**$ 1 335 millions**
2001	**$ 1 432 millions**
2008	**$ 1 741 millions**

Effectif total de chercheurs

1971	**3 060 ÉTP**
1981	**5 819 ÉTP**
1991	**9 065 ÉTP**
2001	**9 824 ÉTP**
2008	**12 120 ÉTP**

Taux annuel de croissance des dépenses (prix 2005)

1971–1981	**1,7 %**
1981–1991	**0,6 %**
1991–2001	**1,0 %**
2001–2008	**2,4 %**

Taux annuel de croissance des effectifs des chercheurs (ÉTP)

1971–1981	**5,4 %**
1981–1991	**3,8 %**
1991–2001	**1,3 %**
2001–2008	**2,8 %**

Dépenses en R&D agricole pour chaque $100 du PIBA

1971–1975	**$ 0,63**
1976–1980	**$ 0,69**
1981–1985	**$ 0,68**
1986–1990	**$ 0,58**
1991–1995	**$ 0,59**
1996–2000	**$ 0,49**
2001–2005	**$ 0,59**
2008	**$ 0,61**

Chercheurs ÉTP pour chaque million d'agriculteurs

1971–1975	**n.d.**
1976–1980	**n.d.**
1981–1985	**63 ÉTP**
1986–1990	**67 ÉTP**
1991–1995	**68 ÉTP**
1996–2000	**65 ÉTP**
2001–2005	**64 ÉTP**
2008	**68 ÉTP**

Sources : compilation effectuée par les auteurs en utilisant les résultats d'enquêtes nationales ASTI ainsi que des données de sources secondaires (cf. les Notes de pays/Country Notes ASTI). Les données relatives au PIBA sont celles de la Banque mondiale 2010. Les données relatives à la population économiquement active (ou « force de travail agricole ») sont celles de la FAO 2009.

Notes: Le cas de figure inclut 46 pays d'Afrique subsaharienne ; la Somalie et le Djibouti ont été exclus comme les données macroéconomiques requises n'étaient pas disponibles. Les données relatives aux dépenses et aux ressources humaines des 14 pays non « ASTI » (représentant 10 % du produit agricole total de l'Afrique subsaharienne) ont été estimées sur la base de leur part du produit total agricole. Les taux de croissance annuelle ont été calculés en appliquant la régression par la méthode des moindres carrés.

hausse des dépenses totales se situant entre 25 et 56 millions de dollars PPA de 2005 (figure 3A). En revanche, l'Éthiopie et l'Afrique du Sud ont connu des baisses sensibles, à savoir de 28 et de 12 millions de dollars respectivement.

S'agissant des capacités humaines, c'est encore le Nigeria qui s'est profilé comme le principal moteur de la croissance régionale enregistrée au cours des années 2001–2008 : en effet sur les 2 285 ÉTP qui se sont ajoutés à l'effectif total de la région, 724 ÉTP étaient pour le compte du Nigeria (figure 3B). L'Éthiopie, le Kenya et le Soudan ont eux aussi signalé d'importantes augmentations d'effectifs de R&D. L'Afrique du Sud a accusé la plus forte baisse d'effectifs de recherche agricole publique (140 ÉTP), alors que dans le reste des pays ASTI, les changements affectant les niveaux d'investissements et de capacité ont été moins graves, en termes absolus, au cours de la période 2001–2008.

Encadré 2—Comparaison entre d'une part l'Afrique subsaharienne et d'autre part le Brésil, la Chine et l'Inde

Sur les 25 milliards de dollars (PPA, de 2005) que le monde a consacrés à la R&D agricole publique en 2000 (l'année des données mondiales les plus récentes), 5 % étaient pour le compte de l'Afrique subsaharienne ; en 1981 la part correspondante était de 7 %. Cette baisse s'explique en partie par une croissance annuelle relativement faible en Afrique subsaharienne au cours des années 1990 conjuguée à une augmentation spectaculaire des investissements dans la R&D publique réalisés dans la région de l'Asie–Pacifique, en particulier en Chine et en Inde (Beintema et Stads 2010). On ne dispose pas d'une information actualisée sur les dépenses mondiales en R&D agricole publique, mais comme les investissements réalisés au Brésil, en Chine et en Inde n'ont cessé de croître, il est improbable que la part qu'absorbe l'Afrique subsaharienne ait augmenté, ce malgré les progrès réalisés depuis 2000 (figure 2). Les augmentations enregistrées au Brésil, en Chine et en Inde étaient attribuables à un engagement intensifié des gouvernements de ces pays à appuyer la R&D agricole publique, plutôt qu'à un renforcement du soutien des bailleurs de fonds, qui dans cette région s'avère modeste par rapport aux niveaux d'aide financière qu'obtiennent de nombreux pays d'Afrique subsaharienne. Pour fournir un ordre de grandeur, les dépenses de R&D agricole publique du Brésil, tout comme celles de l'Inde, étaient à peine inférieures aux dépenses réalisées par l'Afrique subsaharienne toute entière. Quant aux dépenses de R&D agricole publique de la Chine, elles dépassent celles de n'importe quel autre pays ; en 2007, elles se chiffraient à 4,3 milliards de dollars (valeurs PPA de 2005).

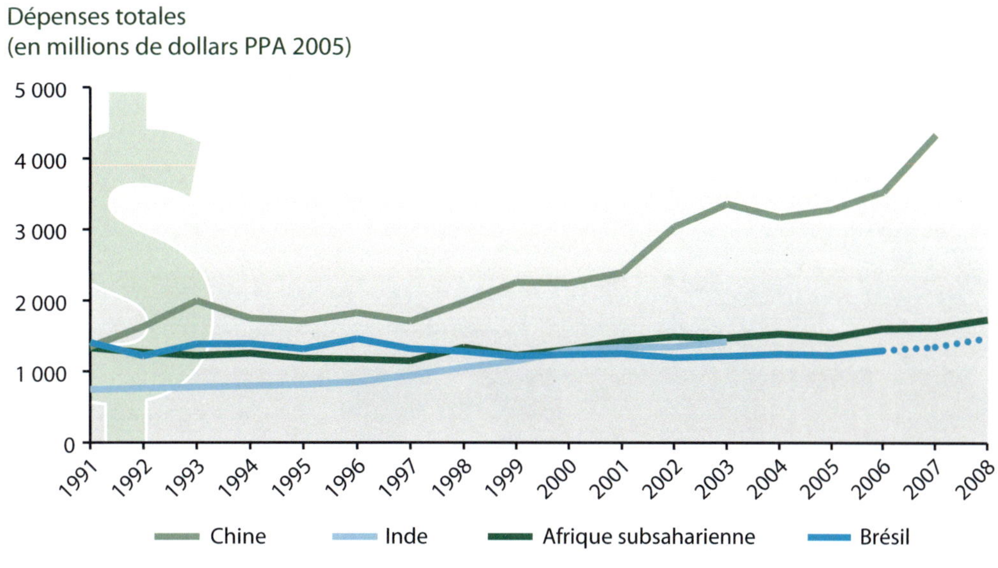

Chercheurs ÉTP

Chine (2007)	**n.d.**
Inde (2003)	**16 703 ÉTP**
Afrique subsaharienne (2008)	**12 120 ÉTP**
Brésil (2006)	**5 376 ÉTP**

Sources : les données relatives à l'Afrique subsaharienne ont été reprises de la figure 1 ; les données se rapportant au Brésil, à la Chine et à l'Inde proviennent de Beintema et Stads (2010).

Figure 3—Les principaux moteurs de l'accroissement des dépenses et des ressources allouées à la R&D, 2001–2008

3a—Croissance des dépenses globales en Afrique subsaharienne: $309 millions (dollars 2005 PPA)

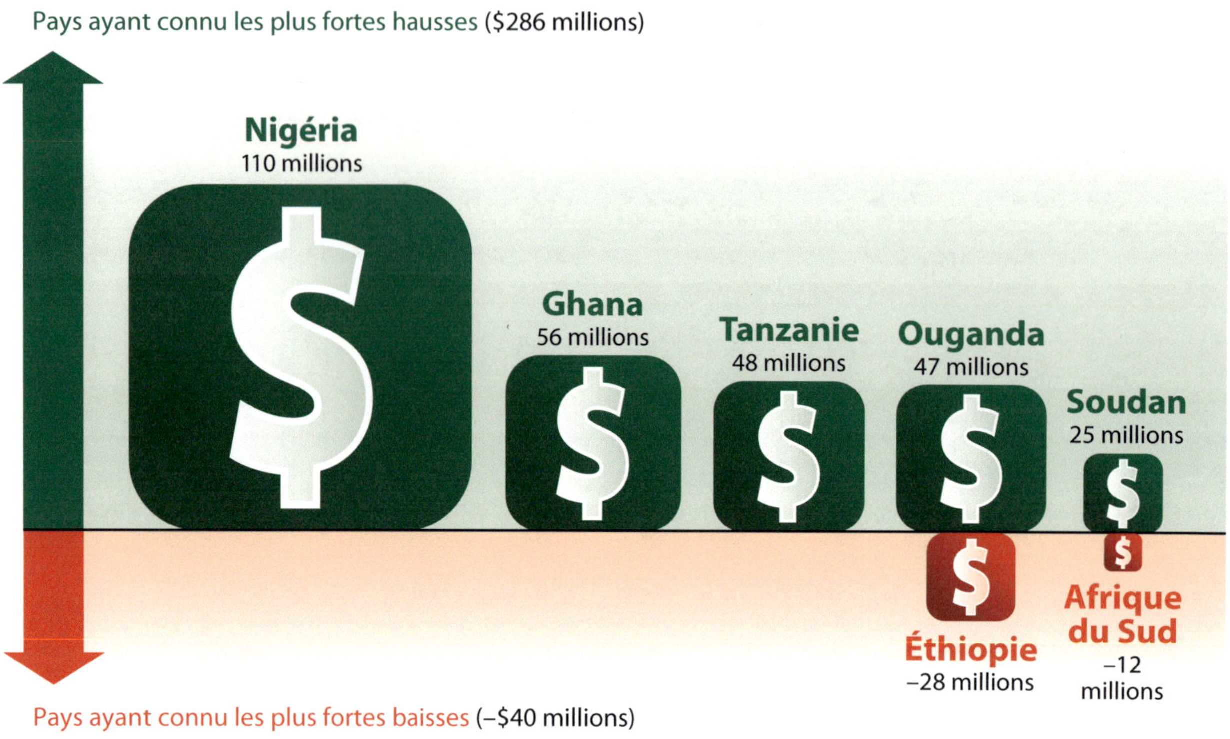

3b—Croissance des effectifs globaux en Afrique subsaharienne: 2 285 chercheurs ÉTP

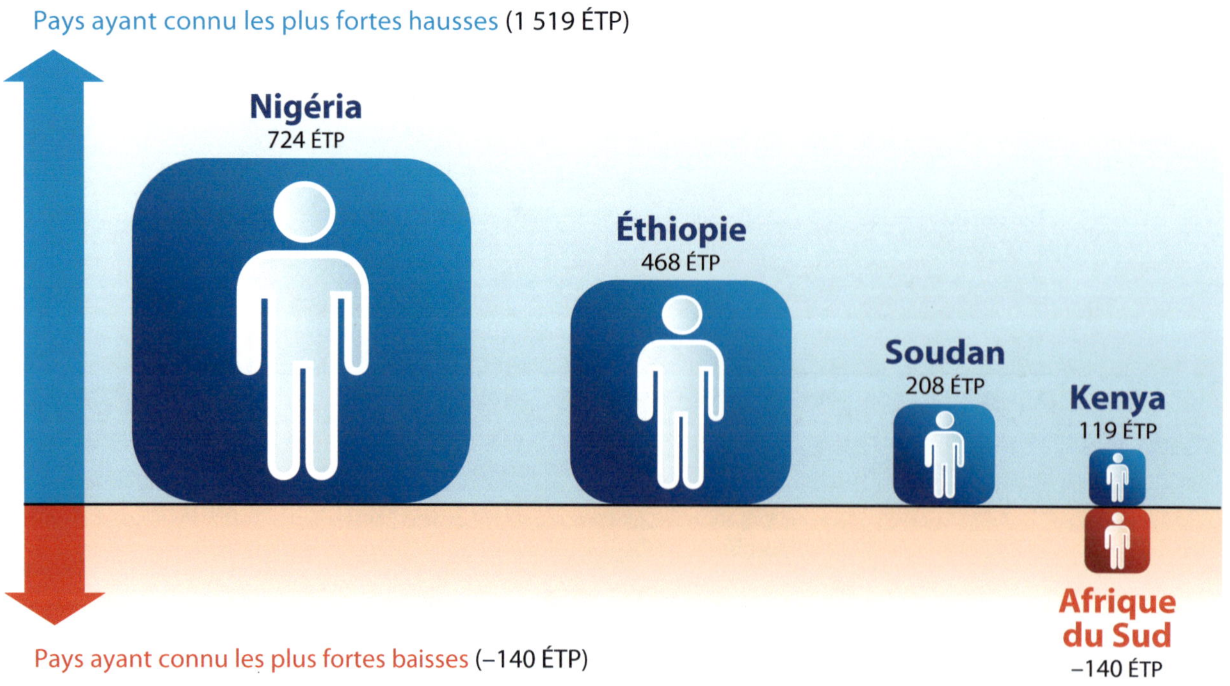

Sources : compilation effectuée par les auteurs en utilisant les résultats d'enquêtes nationales ASTI ainsi que des données de sources secondaires (cf. les Notes de pays/Country Notes ASTI).

Les principaux moteurs de la croissance régionale

Les « Huit Grands » de l'Afrique

Il ne surprendra guère que les pays identifiés comme étant les principaux moteurs de la croissance régionale des dépenses et capacités de R&D agricole soient ceux qui affichaient les totaux absolus les plus élevés, tel que montré au tableau 1. Ensemble, ces « Huit Grands »[8] – à savoir le Nigeria, l'Afrique du Sud, le Kenya, le Ghana, l'Ouganda, la Tanzanie, l'Éthiopie et le Soudan – absorbaient en 2008, 70 % des dépenses publiques de R&D agricole et occupaient 64 % de l'effectif total (tableau 2). C'est là une augmentation substantielle par rapport aux niveaux enregistrés en 1991, lorsque les pourcentages correspondants étaient de 53 et de 55 respectivement. Vu la taille relative de ces huit pays, ce n'est pas étonnant que tout ce qui se produit au niveau de leurs dépenses ou capacités nationales – que ce soit en bien ou en mal – ne manque pas d'avoir de l'impact sur les tendances régionales : il semble donc approprié d'accorder à chacun une attention individuelle.

Le Nigeria. Sur le plan des investissements, des capacités et du nombre d'organismes gouvernementaux et d'enseignement supérieur, c'est le Nigeria qui possède le système de recherche agricole le plus important de l'Afrique subsaharienne. Suite à une période de stagnation qui dura de la fin des années 1980 jusque vers le milieu des années 1990, la R&D agricole publique nigériane a plus que doublé entre 2000 et 2008. Cette reprise découla d'un regain d'intérêt des autorités à renouveler leur appui à la R&D agricole, qui se traduisit par une hausse des salaires et d'importants investissements dans l'infrastructure et les équipements de recherche. Cette même période est de plus marquée par une croissance progressive des effectifs, et l'on note, en particulier, une participation accrue du secteur de l'enseignement supérieur. Or il faut remarquer que si l'augmentation des dépenses et des effectifs consacrés à la R&D agricole nigériane était indéniablement remarquable, elle a en fait seulement servi à neutraliser les effets du sous-investissement grave des années 1990 (Flaherty et al. 2010a).

L'Afrique du Sud. Le système de recherche de l'Afrique du Sud figure parmi les systèmes les plus anciennement établis et les mieux financés de l'Afrique subsaharienne. Néanmoins, la courbe des dépenses annuelles de R&D agricole publique pour la période 2000–2008 affiche de fortes variations, qui correspondent principalement aux subventions fluctuantes que l'État accordait à l'ARC, principal organisme de R&D du pays. On note par ailleurs que les effectifs chercheurs ont diminué d'un tiers entre

Tableau 2—Ventilation parmi les Huit Grands des dépenses et effectifs régionaux affectés à la R&D agricole publique, 1991 et 2008

Pays	Part des dépenses régionales (%)		Part des effectifs régionaux (%)	
	1991	2008	1991	2008
Nigéria	9,8	23,2	11,8	17,0
Afrique du Sud	19,3	15,6	10,7	6,5
Kenya	10,4	9,8	10,7	8,4
Ghana	2,3	5,5	3,6	4,4
Ouganda	1,7	5,0	2,6	2,5
Tanzanie	2,0	4,4	5,9	5,6
Éthiopie	2,1	3,9	4,0	10,9
Soudan	5,7	3,0	5,5	8,4
Sous-total (8)	**53,3**	**70,4**	**54,8**	**63,7**

Source : compilation effectuée par les auteurs en utilisant les résultats d'enquêtes nationales ASTI ainsi que des données de sources secondaires (voir les Notes de pays/Country Notes ASTI se rapportant à ces pays).

1997 et 2004, et la reprise qui a suivi a été fort modeste (Flaherty, Liebenberg et Kirsten 2010).

Le Kenya. Par comparaison avec bien d'autres pays d'Afrique subsaharienne, la R&D agricole publique kenyane dispose d'un bon niveau de financement ainsi que d'une bonne dotation en personnel. Les investissements annuels dans la R&D du Kenya ont toutefois varié au cours de la période 2000–2008, reflétant les fluctuations de l'aide étrangère ainsi que, à un degré moindre, des subventions que l'État accordait à l'Institut kenyan de recherche agricole (KARI). En revanche, la capacité de recherche agricole est restée stable. En effet, suite à la période de déclin qui caractérisa la fin des années 1990, les effectifs de recherche agricole ont augmenté sous l'effet combiné de la fusion du KARI avec deux autres instituts et de l'assouplissement de l'interdiction de recruter qu'avait imposée le Gouvernement (Flaherty et al. 2010b).

Le Ghana. Suite à la stagnation relative qui marqua les années 1990, les dépenses de R&D agricole du Ghana ont plus que doublé au cours de la période 2000–2008, la reprise étant en grande partie due au renforcement des investissements réalisés par les organismes du CSIR, ainsi qu'à l'augmentation des revenus de l'Institut de recherche sur le cacao du Ghana grâce à une croissance de la production de cacao. Au cours de la même période, les effectifs chercheurs ont également évolué dans le sens d'une croissance régulière, même si le rythme était plus lent que celui noté pour les dépenses. Notons toutefois que pour la période allant de 2000 à 2008, certaines agences ont signalé une progression inégale et que d'autres ont même enregistré une baisse des effectifs chercheurs (Flaherty, Essegbey et Asare 2010).

L'Ouganda. Au cours de la période 2000–2008, les investissements réalisés dans la R&D agricole publique ougandaise ont quadruplé. Cette croissance fut avant tout attribuable au renforcement de l'aide étrangère et des prêts accordés par des banques de développement puis, en second lieu, à une augmentation de la subvention que l'État accordait à la NARO, à partir de l'an 2005. S'agissant des ressources humaines, on distingue un début de reprise vers le milieu des années 2000, suite à une période de déclin qu'expliquent les pertes de personnel essuyées par la NARO, causées par le faible niveau des salaires et par un gel de recrutement (Flaherty, Kitone et Beintema 2010).

La Tanzanie. Le système de R&D agricole de la Tanzanie a, depuis toujours, été tributaire de l'aide des bailleurs de fonds, dont les contributions ont considérablement fluctué. Depuis 2005, le gouvernement a intensifié l'appui qu'il apporte à la recherche agricole. Ces dernières années ont vu une modeste croissance des capacités humaines, qui concerne principalement le secteur de l'enseignement supérieur (Flaherty et Lwezaura 2010).

L'Éthiopie. En Éthiopie, le chiffre des dépenses en recherche agricole a doublé entre 1993 et 2000, puis il a doublé à nouveau au cours de la période 2000–2001 à la suite d'une augmentation des subventions gouvernementales et de l'aide étrangère. Il faut cependant remarquer qu'en l'an 2008, les dépenses de l'Institut éthiopien de recherche agricole (EIAR), principal organisme de recherche agricole du pays, étaient retombées à un niveau égal à ceux des années 2000. Par ailleurs, on note pour la période 2000–2008, une bien forte croissance des effectifs chercheurs au sein des instituts régionaux de recherche agricole éthiopiens (RARI) et des universités, au point même que vers 2008, la capacité collective des sept RARI dépassait celle de l'EIAR en termes d'effectifs, or cette supériorité ne s'appliquait pas en termes de qualifications universitaires (Flaherty, Kelemework et Kelemu 2010).

Le Soudan. Au cours des années 1990, les dépenses en R&D agricole du Soudan ont baissé rapidement sous l'effet d'une négligence généralisée du secteur agricole qui fut délaissé au bénéfice de la production de pétrole à grande échelle. Plus récemment, cette tendance s'est renversée : l'engagement du gouvernement soudanais à renouveler son appui au développement agricole s'est traduit par des investissements en R&D plus importants, qui ont rendu possible un redressement de la situation. Au plan des capacités de recherche, on note également une croissance considérable depuis 2000 (Stads et El-Siddig 2010).

Des dépenses accrues, mais dans quels domaines ?

Tel qu'établi plus haut, l'augmentation générale des investissements en R&D agricole de l'Afrique subsaharienne est principalement attribuable à un petit nombre de pays, mais la ventilation des coûts par catégorie de dépenses révèle la présence de différents facteurs de croissance. Par exemple, au Ghana, c'est l'augmentation des frais salariaux du CSIR qui explique presqu'entièrement la croissance rapide des dépenses nationales de R&D agricole, bien plus qu'une extension du programme de recherche ou qu'un renforcement des investissements dans l'infrastructure et les équipements (figure 4A). Or il importe de comprendre le contexte de cet accroissement sans précédent des dépenses salariales, à savoir les années de sous-financement au cours desquelles l'insuffisance proportionnelle et le manque de compétitivité des salaires étaient devenus de plus en plus contraignants (Flaherty, Essegbey et Asare 2010). En Tanzanie, par contre, les dépenses salariales du DRD sont restées relativement constantes pendant

Figure 4—Ventilation par catégorie de coûts des dépenses réalisées par les principales agences de R&D agricole dans quatre des Huit Grands pays, 2001–2008

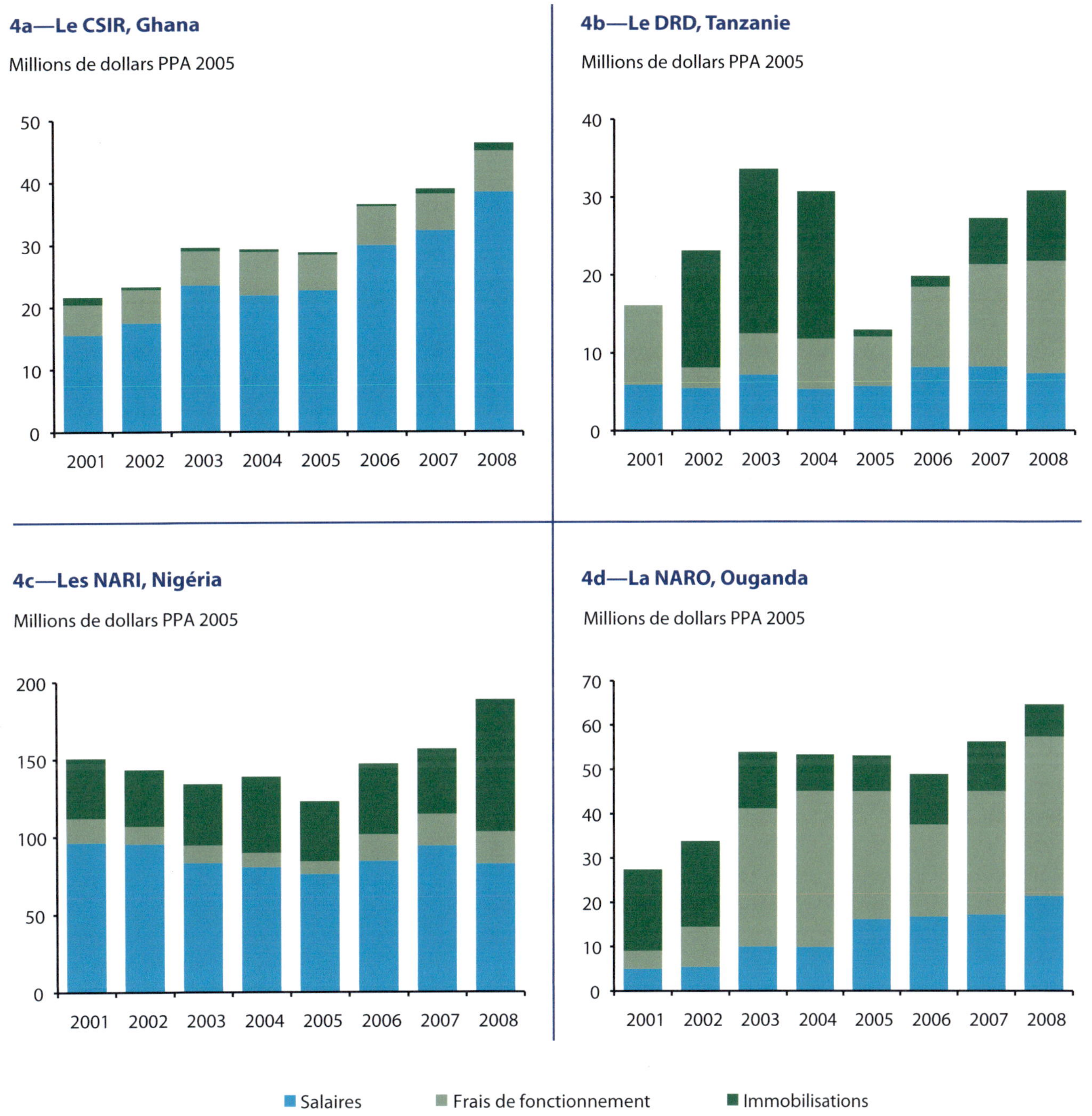

Source : compilation effectuée par les auteurs sur la base des résultats des enquêtes ASTI réalisées au sein des pays concernés.

Notes : Le CSIR inclut les instituts CRI, FORIG, FRI, OPRI, PGRRI, SARI, SRI, et WRI ; Les NARI incluent les organismes CRIN, IAR, IAR&T, LCRI, NAERLS, NAPRI, NCRI, NIFFR, NIFOR, NIHORT, NIOMR, NRCRI, NSPRI, NVRI, et RRIN (les Notes de Pays/Country Notes ASTI relatives à ces deux pays présentent les formes intégrales des noms).

la période étudiée (figure 4B). Avant 2005, le DRD étant lourdement tributaire des financements obtenus de la Banque mondiale, les immobilisations étaient d'un niveau élevé mais suite à la clôture du projet de la Banque mondiale, les dépenses ont chuté. Depuis lors, le gouvernement tanzanien a progressivement augmenté les subventions accordées à l'agriculture et à la recherche agricole, ce qui a favorisé l'engagement de dépenses plus importantes pour renforcer les activités de recherche et les infrastructures et équipements (Flaherty et Lwezaura 2010). Le gouvernement du Nigeria a lui aussi augmenté considérablement l'appui qu'il accorde depuis la fin des années 1990 aux instituts nationaux de recherche agricole [NARI] et à d'autres organismes gouvernementaux, favorisant par là les achats d'équipements et la réhabilitation des installations de recherche (figure 4C). Or, malgré ces augmentations remarquables, les niveaux d'investissements demeurent insuffisants par rapport à ce qui serait nécessaire pour remettre en état les installations et pour pourvoir aux besoins nationaux de recherche agricole (Flaherty et al. 2010a). En Ouganda, grâce à l'apport d'une aide importante de la part de la Banque mondiale et, plus récemment, à une augmentation de la subvention d'État, la NARO a pu renforcer son cadre institutionnel, développer ses programmes de recherches, réhabiliter ses infrastructures de recherche et financer des formations doctorales (figure 4D). En 2005, le gouvernement ougandais a approuvé l'octroi d'une augmentation salariale d'urgence à hauteur de 100 % ainsi que d'une augmentation annuelle de 10 % pour les années à suivre. Il va de soi que la courbe d'évolution globale des dépenses révèle l'impact de ces décisions (Flaherty, Kitone et Beintema 2010).

Qui se rattrape et qui n'arrive pas à suivre ?

Bien que les hausses et les baisses caractérisant les niveaux absolus de dépenses et de capacités consacrés à la R&D agricole par les Huit Grands éclipsent celles observées dans les autres pays de l'Afrique subsaharienne, l'examen plus approfondi des évolutions relatives des investissements et des ressources humaines, notées au fil des années, révèle néanmoins quelques distinctions intéressantes, notamment sur le plan des défis, entre les différents pays. Ainsi, certains des pays les plus petits de la région présentent des niveaux si bas, et toujours en baisse, que l'on en viendrait à douter des possibilités de réussite de leurs dispositifs de R&D agricole nationale. Cela souligne bien la nécessité de lancer des initiatives régionales pour pouvoir répondre aux besoins uniques des petits pays, en tirant profit des synergies de collaboration.

Les données recueillies auprès des pays ASTI témoignent qu'il existe de grandes différences non seulement pour ce qui est des niveaux d'investissement absolus mais aussi – et c'est plus important – pour ce qui est de la croissance mesurée dans le temps. Au cours de la période 2001–2008, sur un échantillon de 29 pays (excluant le Rwanda, le Mozambique et le Zimbabwe), 13 pays ont accusé une croissance annuelle négative de leurs dépenses de R&D agricole, le taux allant de –1,6 à –12,4 % par an (figure 5A), proportion non négligeable d'autant plus que pour l'ensemble de l'Afrique subsaharienne, les dépenses n'ont cessé d'augmenter tout au long de cette même période. Sur ces 13, sept sont des pays francophones situés en Afrique centrale et de l'ouest. À l'exception du Gabon et du Mali, ces pays ont de plus accusé une croissance négative au cours des années 1990, ce qui constitue un sujet de préoccupation grave. À noter que, dans ces pays, l'achèvement de grands projets financés par l'aide au développement, fréquemment par le biais de prêts de la Banque mondiale (le Burkina Faso, la Guinée, le Sénégal et le Togo) était le principal facteur occasionnant les chutes d'investissements en R&D agricole. Le tableau comparatif des taux de croissance pour la période 2001–2008 et pour les années 1990 illustre clairement la volatilité des niveaux d'investissements dans de nombreux pays de la région. Dans les cas de l'Érythrée et l'Éthiopie, par exemple, une période de croissance négative (avec des taux annuels respectifs de –12,4 % et de –4,5 % au cours de 2001–2008) a fait suite à une décennie marquée par une croissance particulièrement forte (taux annuels respectifs de 32,7 % et de 11.0 %), ce qui est signe révélateur d'une grande dépendance de l'aide extérieure (cf. la section « L'évolution du financement de la R&D agricole » pour de plus amples détails).

Par contraste, de nombreux autres pays ont vu grimper leurs investissements en R&D agricole à partir de l'an 2000. Huit pays ont enregistré des taux de croissance annuels de plus de 6 % ; on distingue parmi eux, quatre des Huit Grands, à savoir le Ghana, la Tanzanie, l'Ouganda et le Soudan. Au Nigeria, les dépenses qui, pendant la période allant de 2001 à 2008 représentaient plus d'un tiers de la croissance absolue des dépenses de l'Afrique subsaharienne se sont accrus à un rythme relativement modéré, le taux moyen étant de 3,2 % par an. Dans certains pays, une reprise de la croissance reflétait le rétablissement du système national de R&D agricole suite à une période de troubles politiques ; dans d'autres pays – tels le Nigeria, le Soudan, la Tanzanie et l'Ouganda – c'était l'engagement du gouvernement à augmenter les subventions octroyées à l'agriculture en général et la R&D agricole en particulier qui fut à l'origine d'une poussée de croissance.

Par comparaison avec les dépenses totales, les courbes relatives à l'augmentation des effectifs de recherche agricole dans les différents pays sont moins inégales. Plusieurs pays francophones d'Afrique centrale et de l'ouest ont signalé des effectifs de recherche en baisse au cours la période 2001–2008, donc une évolution qui va dans le même sens celle des dépenses. Le Togo, la République du Congo, le Gabon et le Niger ont enregistré des taux de déclin annuels de 1,8 % ou plus, ce qui représente une tendance inquiétante car le niveau de départ des ressources humaines y était déjà bien faible. Le vieillissement du groupe des chercheurs hautement qualifiés et chevronnés constitue un défi plus redoutable encore, vu le nombre important de cadres supérieurs qui prendront leur retraite dans les dix prochaines années (cf. la section « [L'évolution

Figure 5—Comparaison des taux de croissance annuelle composés de divers pays, à deux époques différentes 2001–2008 et 1991–2001

5a—Augmentations des dépenses de R&D agricole

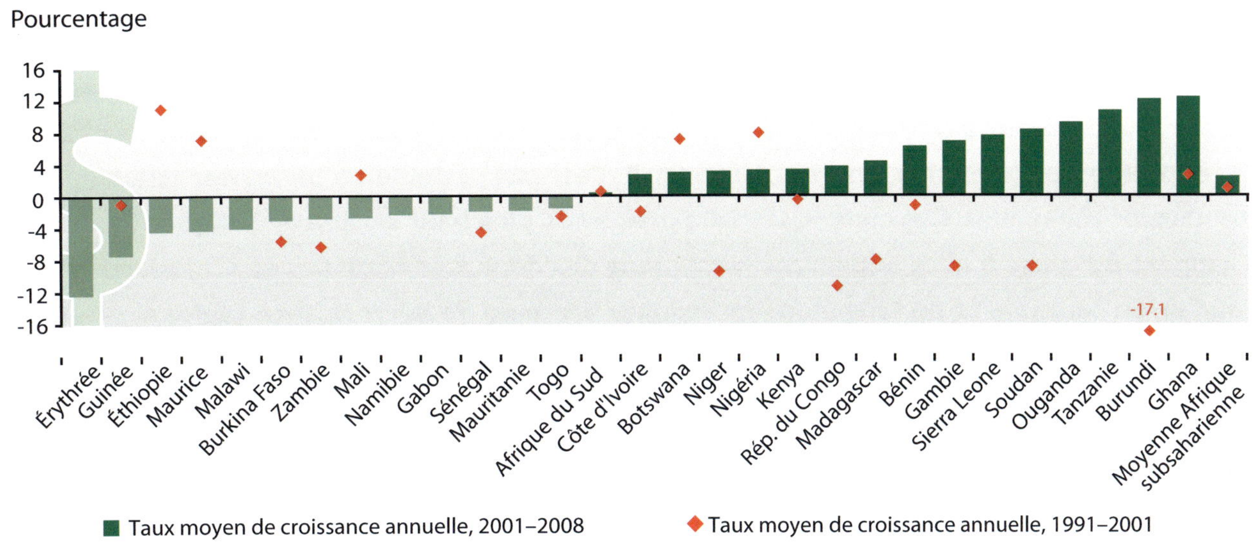

5b—Augmentations des effectifs de chercheurs agricoles

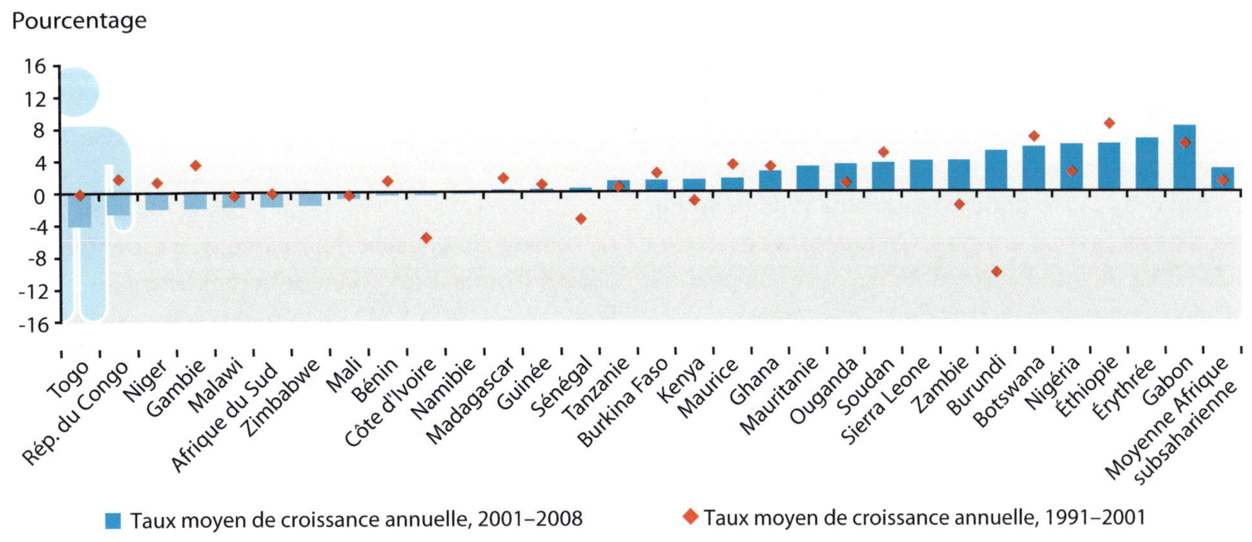

Sources : compilation effectuée par les auteurs en utilisant les résultats d'enquêtes nationales ASTI ainsi que des données de sources secondaires (cf. les Notes de pays/Country Notes ASTI).

Notes : Le cas de figure exclut le Mozambique, le Rwanda et la Sierra Leone (à la fois pour ce qui est des dépenses et des effectifs) et le Malawi et le Zimbabwe (dépenses seulement) parce que les séries de données ne remontaient pas à 2001. Les taux de croissance pour la période 1991–2001 manquent pour l'Érythrée, la Mauritanie et la Namibie (dépenses et effectifs) ainsi que pour la Tanzanie et l'Ouganda (dépenses seulement) puisque les séries de données n'étaient pas complètes pour toute la période. Le calcul des taux de croissance annuelle composés s'effectue en appliquant la régression par la méthode des moindres carrés.

des effectifs de R&D agricole] » pour de plus amples détails). On note néanmoins que la plupart des pays ont vu augmenter leurs effectifs de recherche au cours de la période 2001–2008, ou bien que le niveau est resté relativement stable. En Érythrée et en Éthiopie, les effectifs ont augmenté respectivement 6,6 % et 6,0 % et ce, malgré la baisse simultanée des niveaux de dépenses. En Éthiopie le renforcement des capacités s'explique par l'expansion des RARI et du secteur de l'enseignement supérieur.

L'évolution du financement de la R&D agricole

Qui assume les frais ?

Le financement de la recherche agricole provient de diverses sources, à savoir les gouvernements nationaux ; les bailleurs de fonds et les banques de développement ; les réseaux régionaux et sous-régionaux ; les associations de producteurs ; le secteur privé et les ressources générées à l'interne. Vu l'indisponibilité des données relatives aux financements pour certains des 32 pays ASTI (et même pour certains des Huit Grands), il n'est pas possible de présenter ici un aperçu des tendances régionales. Cependant, les faits présentés plus haut semblent indiquer l'existence d'un rapport de cause à effet entre l'accroissement des dépenses réalisées au Ghana, au Niger, au Soudan, en Tanzanie et en Ouganda – principaux facteurs de la croissance régionale – et des injections de crédits de la part de leurs gouvernements nationaux.

Il ne surprendra personne que les données varient considérablement d'un pays ou d'une agence à l'autre (figure 6). Ainsi dans certains pays, c'est le gouvernement qui finance le gros des activités de R&D agricole, tandis que d'autres pays sont extrêmement dépendants de l'aide extérieure. Pour certains organismes de R&D, la vente de produits et de services constitue une importante source de revenus, tandis que dans d'autres agences, les recettes provenant de telles ventes sont acheminées vers la Trésorerie publique, ce qui étouffe dans l'œuf toute possibilité de s'en servir comme facteur de motivation.

Outre les distinctions relatives à une diversité de pays examinés à une même époque donnée, les sources de financement se différencient sensiblement du point de vue des tendances dans le temps. Considérons l'exemple du KARI : c'est un institut bien doté qui peut compter sur un appui constant de la part du gouvernement kenyan, qui s'attire des financements importants de la part des bailleurs de fonds et qui génère des revenus propres (figure 7A ; Flaherty et al. 2010b). Par contraste, le cas de l'Institut de recherches de l'industrie sucrière de l'île Maurice (MSIRI) : cette agence à but non lucratif est presqu'entièrement financée par une taxe sur la production de sucre (figure 7B). Comme depuis quelques années les prix de la canne à sucre sont en baisse sur les marchés mondiaux, le financement accordé au MSIRI est également en voie de régression (Rahija, Ramkissoon et Stads 2010). Quant au Centre national de recherche agronomique (CNRA) de la Côte d'Ivoire, il tire le gros de son financement du secteur privé (des producteurs de café, de cacao, de caoutchouc et de palmiers à huile) en touchant un complément sous la forme d'une subvention d'État limitée. En effet, les bailleurs de fonds ont suspendu leurs contributions au CNRA en 2002, peu de temps après l'irruption de la guerre civile, et ils ne sont pas revenus depuis (Stads et Doumbia 2010). Au Niger, l'INRAN constitue l'exemple d'un institut qui, au cours des années 1990, demeura lourdement tributaire des contributions apportées par des bailleurs de fonds et des banques de développement : l'achèvement, en 1998, d'un important projet financé par la Banque mondiale a plongé l'institut dans une crise financière grave et sa situation actuelle demeure précaire (figure 7D ; Stads, Issoufou et Massou 2010). Tout comme l'INRAN, de nombreux autres instituts d'Afrique connaissent des systèmes de financement fragiles et caractérisés par la dépendance de l'aide extérieure.

La présente analyse ne tient pas compte du secteur de l'enseignement supérieur parce qu'il est extrêmement difficile d'obtenir les données se rapportant au financement de la R&D agricole de ce secteur. En effet, l'enseignement étant le propre des facultés agricoles, il est rare de rencontrer des budgets affectés purement à la R&D ; s'ils existent, ils sont ad hoc. De nombreuses universités financent leurs activités de R&D en y affectant une partie des subventions de l'État, des frais de scolarité et des ressources générées en interne. Dans bien des pays, les contributions des bailleurs de fonds comptent pour beaucoup dans ce secteur, comme dans le secteur public. Les universités africaines maintiennent fréquemment des liens étroits avec des universités du Nord et bénéficient ainsi de fonds attribués dans le cadre de projets de recherche conjoints. Or même s'il est vrai que l'enseignement supérieur pourrait jouer un rôle plus important dans la R&D agricole de l'Afrique subsaharienne s'il pouvait compter sur un apport de fonds de recherche durable, de tels financements ont peu de chances d'atteindre des niveaux semblables à

Figure 6—Les sources de financement des principaux organismes de R&D agricole : contributions relatives, 2008

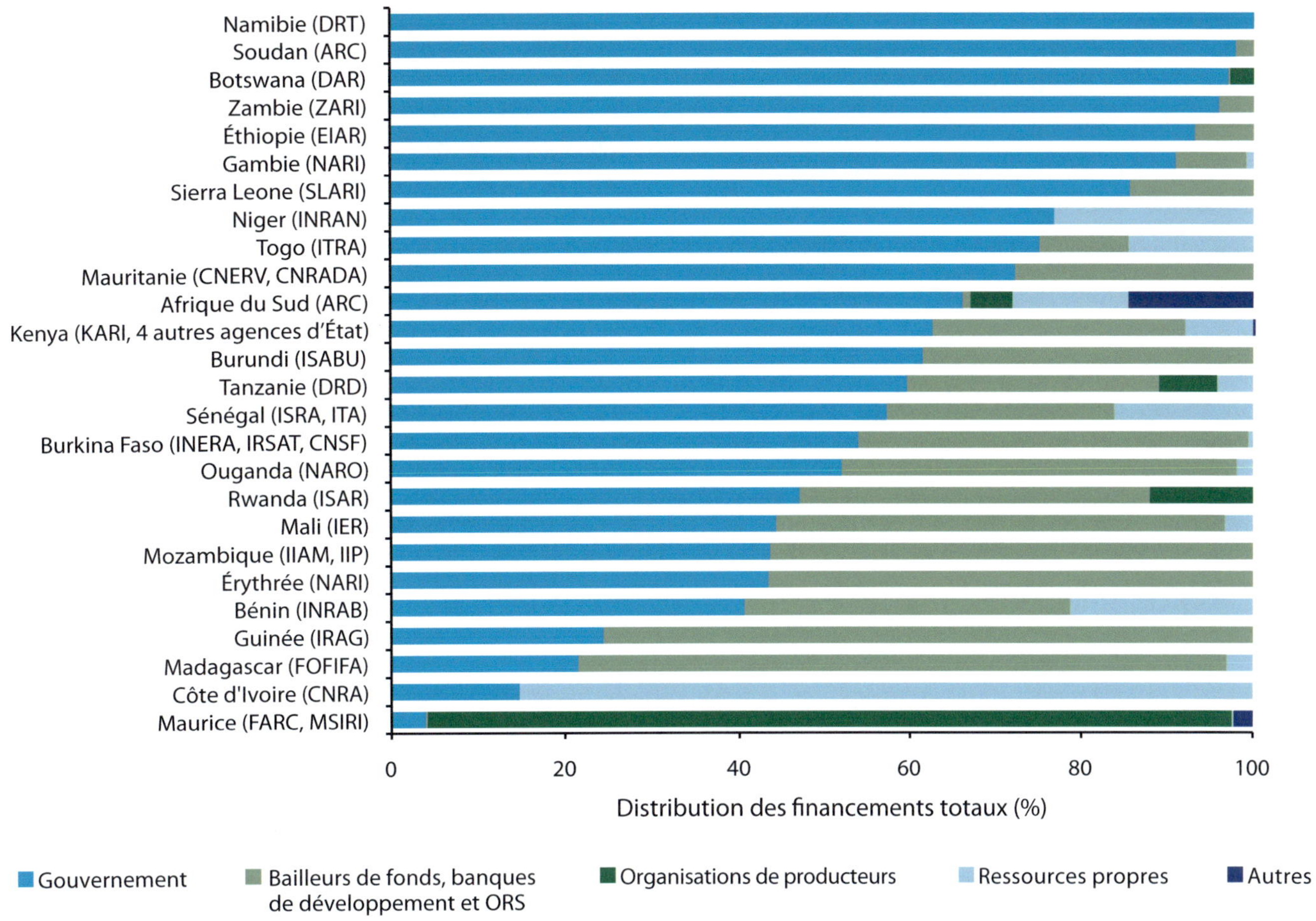

Source : compilation effectuée par les auteurs en utilisant les résultats d'enquêtes nationales ASTI.

Notes : Ont été exclus en raison de l'absence de données complètes le Gabon, le Ghana, le Malawi, le Nigeria, la République du Congo et le Zimbabwe. « ORS » désigne les organisations sous-régionales ; la catégorie « associations de producteurs » comprend les taxes perçues sur la production et l'exportation ; par « revenus propres » on entend la vente de biens et de services, et les prestations de recherches contractuelles pour des institutions publiques et privées. Certains organismes ont enregistré des fluctuations au niveau du financement au cours du temps.

ceux enregistrés dans des pays tels que l'Inde, le Mexique ou les États-Unis. En Afrique subsaharienne, les entités agricoles de l'enseignement supérieur présentent souvent un aspect fragmenté et relèvent d'universités dont le mandat est plus vaste (non axé sur l'agriculture) ; il est rare qu'on y trouve des universités ou des collèges agricoles indépendants. On note aussi que de nombreuses institutions de l'enseignement supérieur de l'Afrique subsaharienne sont en proie à un manque chronique de fonds et de personnel ; par conséquent, elles n'ont que peu de temps à consacrer à des activités autres que l'enseignement (Banque mondiale 2007c).

Sources et mécanismes de financement

Les gouvernements nationaux. Dans les pays de l'Afrique australe tels le Botswana, la Namibie et la Zambie, l'État assume plus de 95 % des frais de R&D agricole, tandis qu'en Guinée et à Madagascar les contributions du gouvernement ne représentent qu'une part limitée. L'inconstance des apports de l'État a pour effet fréquent de saper les bases acquises : de nombreuses institutions ont des difficultés à retenir les scientifiques cadres, à s'attirer de nouveaux chercheurs et à pourvoir à leur formation, à mettre en place et à maintenir de bonnes installations de recherche, à coordonner les activités menées avec d'autres agences et enfin, à maintenir des programmes de recherche viables.

Les bailleurs de fonds, les banques de développement et les organisations régionales et sous-régionales. En Amérique latine et Caraïbes, ainsi qu'en Asie-Pacifique, les contributions des bailleurs de fonds, des banques de développement et des organisations régionales et sous-régionales représentent environ 3 % du financement total de la R&D agricole

(Beintema et Stads 2008b ; Stads et Beintema 2009). En Afrique subsaharienne, les pourcentages correspondants sont généralement sensiblement plus élevés (figure 6) quoique négligeables dans les pays à revenus intermédiaires de l'Afrique australe de même que dans certains pays touchés par des troubles politiques. Les fournisseurs d'aide au développement sont

- des instances multilatérales telles que l'Union européenne, le CGIAR et les Nations Unies ;
- des agences donatrices bilatérales telles que des gouvernements étrangers ou des fondations privées ;
- des organisations régionales et sous-régionales (tels le FARA, l'ASARECA, le CORAF), qui à leur tour sont financées par des bailleurs de fonds (principalement des fonds fiduciaires « multidonateurs ») ; et
- des banques de développement, telles la Banque mondiale et la Banque africaine de développement, qui accordent des prêts et des subventions.

Un grand nombre de pays ont enregistré une baisse des contributions reçues des bailleurs de fonds, des banques de développement et des organisations régionales et sous-régionales, qui s'explique en grande partie par la réduction du nombre global de projets financés par la Banque mondiale depuis la fin des années 1990 et le début des années 2000. Ces grands projets visaient des objectifs de développement à la fois agricole et économique ; en termes de recherche agricole, leurs objectifs étaient généralement de réformer les systèmes nationaux de recherche agricole, de fournir des possibilités de formation et d'épauler

Figure 7—La diversité des financements : différents pays, à des époques différentes

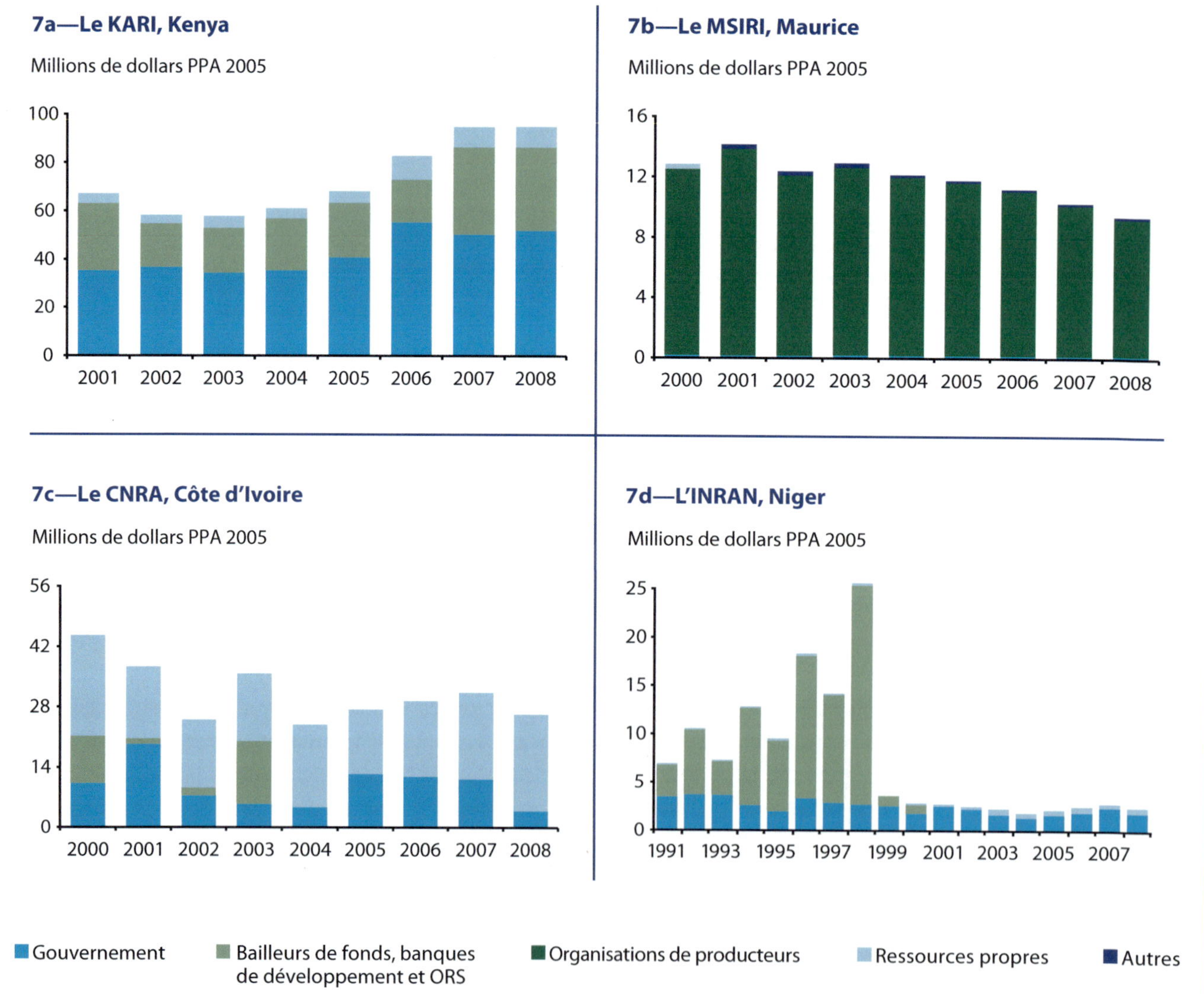

Source : compilation effectuée par les auteurs en utilisant les résultats d'enquêtes nationales ASTI.

Notes : « ORS » désigne les organisations sous-régionales; la catégorie « associations de producteurs » comprend les taxes perçues sur la production et l'exportation ; par « revenus propres » on entend la vente de biens et de services, et les prestations de recherches contractuelles pour des institutions publiques et privées.

des initiatives de gestion et de coordination (Beintema et Stads 2006). Au Niger, l'achèvement des projets de la Banque mondiale a entraîné une chute des financements ; la Guinée, le Sénégal et la Zambie ont également accusé des baisses sensibles quoique moins brutales. Dans ces pays, la grande irrégularité des flux de financements de l'extérieur a eu des incidences néfastes sur l'environnement institutionnel et sur les résultats de recherche obtenus, ce qui soulève des questions quant aux chances de réussite à long terme de ce type de financement. Certains préconisent un engagement de la part des bailleurs de fonds à appuyer la R&D agricole pour des périodes plus longues (de 15 à 20 ans par exemple), tout en exigeant simultanément des gouvernements nationaux qu'ils garantissent des niveaux de financement plus élevés et plus stables pour ainsi amoindrir la dépendance de l'aide extérieure. Il semble clair que les bailleurs de fonds, les banques de développement et les gouvernements africains doivent porter leur regard en avant, sur les moyen et long termes, s'ils veulent promouvoir des systèmes de recherche plus stables, des institutions et une gestion financière plus efficaces, et des résultats d'un niveau qualitatif plus élevé.

Bien qu'on ne dispose pas de données relatives à la période qui suit l'an 2008, il y a lieu de croire à une reprise toute récente des contributions des bailleurs de fonds et des banques de développement, vu la mise en chantier dans divers pays d'une série de projets financés par des prêts de la Banque mondiale : ces projets d'assez grande envergure s'inscrivent dans le cadre du Programme de productivité agricole en Afrique de l'Ouest (PPAAO/WAAPP) et du Programme de productivité agricole en Afrique de l'Est (EAAPP/PPAAE). Leurs activités principales portent sur la mise au point et la diffusion de technologies améliorées qui tiennent compte des priorités à la fois nationales et régionales. À ce jour le PPAAO/WAAPP a lancé des recherches sur les racines et tubercules au Ghana, sur le riz au Mali, et sur les céréales au Sénégal ; une seconde phase, débutant en 2011, sera centrée sur les fruits et légumes au Burkina Faso et sur l'élevage au Niger ; elle prévoit aussi la conduite de recherches additionnelles dans sept autres pays. De façon similaire, depuis 2009–2010, le EAAPP/PPAAE finance des recherches portant principalement sur le manioc en Ouganda, le riz en Tanzanie, le blé en Éthiopie et l'élevage laitier au Kenya (Banque mondiale 2007b et 2009).

Le secteur privé. La mise sur le marché des résultats de recherche s'accomplit fréquemment par le biais de partenariats conclus avec des agences du secteur privé[9]. Dans certains pays de la région, on assiste à une augmentation progressive des investissements privés dans la R&D agricole qui génère un flux de revenus pour les agences de recherche agricole (Echeverría et Beintema 2009). Ainsi, au Sénégal, par exemple, de grandes entreprises telles que SODEFITEX (producteurs de coton) et SUNEOR (producteurs d'arachide) financent des recherches menées par l'Institut sénégalais de recherches agricoles (ISRA), principale agence gouvernementale de R&D agricole (Stads et Sène 2010). Il s'agit souvent d'activités ad hoc, comme les recherches sur les cultures de rapport menées par l'ISRA au Sénégal,

Encadré 3—Le financement par le secteur privé en Côte d'Ivoire

La structure du financement du CNRA constitue un cas unique et exemplaire au niveau de la région. Selon les stipulations du deuxième Projet national d'appui aux services agricoles (PNASA II), qui fut lancé en 1998 et que dirigeait la Banque mondiale, le CNRA devait être une structure publique–privée : 40 % de son financement devaient être à charge du gouvernement et 60 % proviendraient du secteur privé. Le Fonds interprofessionnel pour la recherche et le conseil agricoles (FIRCA) fut créé à cette fin. Pour son financement le FIRCA touche à la fois une subvention de l'État et une contribution des producteurs ivoiriens qui mettent en œuvre un système de cotisations professionnelles versées aux associations de producteurs. Au moins 75 % de ces cotisations levées sur la production agricole d'une filière donnée sont destinés à subvenir aux besoins de la filière même. Le solde est consacré à la solidarité, et une petite partie sert à couvrir les frais de fonctionnement du FIRCA. L'instauration de la caisse de solidarité a pour but de financer des programmes d'assistance à l'intention des secteurs où le volume de cotisation est trop faible (principalement le secteur des cultures vivrières) ou bien dont la structure rend la tâche de lever une cotisation trop difficile. En 2008, les cotisations versées par la filière café cacao et les filières hévéa et palmier à huile représentaient 91 % du total de toutes les cotisations professionnelles en 2008.

Source : Stads et Doumbia 2010.

mais de nombreux pays ont créé un cadre officiel, comme dans le cas du CNRA en Côte d'Ivoire (encadré 3). S'il est certain que le secteur privé peut apporter un soutien de valeur au développement des ressources financières et humaines consacrées à la R&D agricole, ce type de financement n'est applicable que dans les pays dotés d'un cadre politique favorable, présentant, entre autres, une législation bien établie en matière de propriété intellectuelle, des entraves minimales à l'importation et à l'expérimentation de technologies nouvelles et l'exonération fiscale des dépenses de recherche et des capitaux-risques (Alston, Pardey et Piggott 2006). Or dans bien des pays de l'Afrique subsaharienne de telles conditions politiques n'existent pas encore, ou bien à peine. On note également que dans de nombreux pays, c'est l'État qui récupère les ressources générées à l'interne, ce qui en élimine la valeur incitative, comme les agences de recherche ne s'intéressent plus à effectuer des recherches pour le compte du secteur privé. À ce propos, il est bon de rappeler que la multiplicité de contrats de sous-traitance issus par les entreprises agro-industrielles comporte le risque potentiel d'une déviation du programme de recherche, en favorisant la recherche appliquée et axée sur la multiplication de semences aux dépens de la recherche fondamentale. Il faut donc veiller au maintien d'un équilibre entre ces types de recherche lorsqu'on cherche à étendre l'application de ce mécanisme de financement privé, sur contrat, de la recherche publique.

Les prélèvements applicables aux produits de base. Le financement de la recherche peut également provenir de la perception d'une taxe sur la production agricole ou sur les exportations. Soulignons l'importance que revêtent, dans plusieurs pays de l'Afrique subsaharienne, les prélèvements applicables aux produits de base dont la liste inclut le Kenya (café et thé), le Malawi (thé et tabac), Maurice (sucre), l'Afrique du Sud (sucre), la Tanzanie (thé et café) et la Zambie (coton). L'introduction de taxes au profit de la recherche a fréquemment eu lieu dans des pays affectés par une instabilité financière de longue date, ou bien au sein desquels se distingue un groupe de bénéficiaires capables de participer aux frais de la recherche. Dans d'autres pays, on retrouve des taxes datant de l'époque coloniale. Dans la plupart des cas, ces taxes s'appliquent aux cultures de rapport ou d'exportation puisque celles-ci passent par un nombre restreint de points de taxation. Ce mécanisme de financement s'avère en effet moins efficace dans les pays où la plus grande partie de la production de la denrée visée est consommée à la ferme même ou bien échangée sur les marchés locaux : les frais de perception seraient trop élevés. Les prélèvements ont pour avantages d'impliquer des agriculteurs dans l'agenda de recherche et de favoriser ainsi l'obtention de résultats pertinents. Ils peuvent générer des fonds supplémentaires pour la R&D agricole, mais le risque subsiste toujours que l'État se décide à les verser en remplacement de la subvention gouvernementale plutôt comme complément.

Toutefois, les prélèvements de taxes ne sont pas entièrement sans risque d'impacts négatifs : ils peuvent d'une part dissuader les agriculteurs d'accroître leur production, et d'autre part de générer des niveaux de financement sous-optimaux. Face à ces risques, les gouvernements peuvent, entre autres, se résoudre à livrer des fonds de contrepartie à une hauteur équivalente à celle des taxes prélevées (Kangasniemi 2002 ; Echeverría et Beintema 2009).

Des mécanismes de financement compétitifs. L'application de mécanismes de financement compétitifs est en progression, mais en Afrique elle est encore limitée par comparaison avec d'autres régions du monde en développement. L'approche consiste habituellement à allouer des ressources à des projets de R&D choisis en fonction de leur l'intérêt scientifique et de leur conformité avec les priorités générales de la R&D agricole. On estime que les fonds compétitifs permettent d'attirer des ressources de recherche tout en réduisant les frais de mise en œuvre et en favorisant des activités axées sur la demande et la création de partenariats de recherche (Echeverría et Beintema 2009). Pourtant, la durabilité des mécanismes sur le long terme est au centre des préoccupations comme bon nombre d'entre eux sont tributaires de financements externes. Vers la fin des années 1990 et au début du millénaire, plusieurs fonds compétitifs furent créés comme composantes de projets que la Banque mondiale mettait en œuvre dans des pays tels le Kenya, le Mali, le Sénégal et la Tanzanie. Bien que de nombreux fonds soient munis de mécanismes intrinsèques de viabilité financière, il faut s'attendre à voir baisser le niveau global de financement lorsque les dotations de base sont épuisées. D'autres pays, parmi lesquels le Nigeria, l'Ouganda et la Zambie, ont tenté d'établir des programmes de subventions concurrentiels mais du fait de l'insuffisance des apports de fonds de base, leur mise en œuvre a, dans l'ensemble, été chancelante[10]. Différents fonds compétitifs régionaux et sous-régionaux ont vu le jour au cours de ces dernières années. Vers le milieu des années 2000, les organisations sous-régionales (entre autres l'ASARECA et le CORAF/WECARD) ont lancé des programmes compétitifs élaborés sur la base d'une entente concernant les critères et priorités à adopter. Leur but est de promouvoir la conduite de recherches collaboratives axées sur la demande.

L'évolution des effectifs de R&D agricole

Qualifications universitaires et possibilités de formation

En 2008, la répartition globale des qualifications maximales des chercheurs agricoles employés dans les pays ASTI se présentait comme suit : 30 % de niveau doctorat/PhD, 43 % de niveau master/MSc et 27 % de niveau licence/BSc. La ventilation de ces données, soit par pays soit selon le sexe, révèle de grandes variations (encadré 4 et figure 8). Le pourcentage de chercheurs (ÉTP) titulaires d'un diplôme universitaire de 2ème ou 3ème cycles (doctorat ou licence) ne dépassait les 80 % que dans 14 des 32 pays ASTI. Au Burkina Faso, en Côte d'Ivoire et au Sénégal, plus de la moitié des chercheurs ÉTP avaient atteint le niveau postdoctoral, ce pourcentage étant de 40 % au Bénin, dans la République du Congo et en Afrique du Sud. Il est remarquable que de nombreux pays de l'Afrique de l'Ouest aient pu garder d'aussi grands viviers d'experts malgré des pertes récentes en capacités humaines et financières. Ces proportions élevées peuvent, en grande partie, être attribuées aux programmes de formation réalisés dans les années 1990 (et précédentes), grâce au soutien de bailleurs de fonds bilatéraux ou à des projets financés par la Banque mondiale.

Les universités de l'Afrique du Sud ont précédé celles du reste de la région, ce qui explique le nombre élevé et constant des effectifs chercheurs agricoles sud-africains ayant bénéficié d'une bonne formation. À cela s'ajoute que les universités sud-africaines accueillent un nombre élevé et toujours croissant d'étudiants originaires d'autres pays de la région, ce qui accentue l'importance du rôle qu'elles occupent au niveau de la formation de futures générations de chercheurs agricoles africains. Comme plus de deux tiers de leurs effectifs de recherche agricole n'ont qu'une formation universitaire de 1er cycle, l'Érythrée et la Guinée ont les chercheurs les moins hautement qualifiés de tous les pays ASTI. En Éthiopie et au Mozambique, les licenciés représentent 54 % des effectifs totaux en ÉTP, proportion élevée également. La capacité de recherche généralement restreinte des petits pays, où les chercheurs

Encadré 4—La participation des femmes à la recherche agricole

Si à l'échelle mondiale, la participation des femmes à la recherche agricole s'est intensifiée au cours des dernières décennies, elle demeure toutefois faible dans de nombreux pays, surtout dans ceux du monde en développement. En 2008, 22 % des chercheurs ÉTP employés dans les pays ASTI étaient des femmes, contre 18 % en 2001. Dans l'ensemble, les pourcentages de scientifiques femmes sont plus élevés en Afrique occidentale et australe que dans les pays de l'Afrique de l'Ouest. Ainsi au Botswana, en Érythrée, à Maurice, en Afrique du Sud et au Soudan, la proportion de chercheuses agricoles dépassait les 30 %. Par contraste, la part correspondante en Éthiopie, en Guinée, en Mauritanie, au Niger, au Sénégal et en Sierra Leone était inférieure à 10 %. Dans l'ensemble, les femmes sont mieux représentées dans la catégorie des juniors, assumant des rôles pour lesquels il suffit d'avoir un diplôme de niveau licence/BSc. De plus, on trouve une présence plus importante de scientifiques femmes dans le secteur de l'enseignement supérieur. Alors que la part des femmes poursuivant une carrière dans le domaine de l'agriculture est croissante, une grande majorité d'entre elles occupe des postes de scientifiques débutants, ou bien sont des étudiantes (de 1er cycle, en cours ou achevé). Il faut d'urgence œuvrer pour le renforcement de la représentation féminine au sein de la recherche agricole en Afrique subsaharienne. En effet, les femmes occupant des postes cadres, qu'elles soient chercheuses scientifiques, responsables de recherche, enseignants ou professeurs, peuvent apporter des contributions de grande valeur : leur finesse et leur perspicacité permettront de mieux cerner les défis uniques et pressants que doivent relever les agriculteurs d'Afrique – dont bon nombre sont des… agricultrices.

Source : des résultats d'enquêtes qu'ASTI a menées au niveau national et Beintema et Di Marcantonio 2010.

Figure 8—Répartition des scientifiques agricoles, par pays et par catégorie de diplôme universitaire, 2008

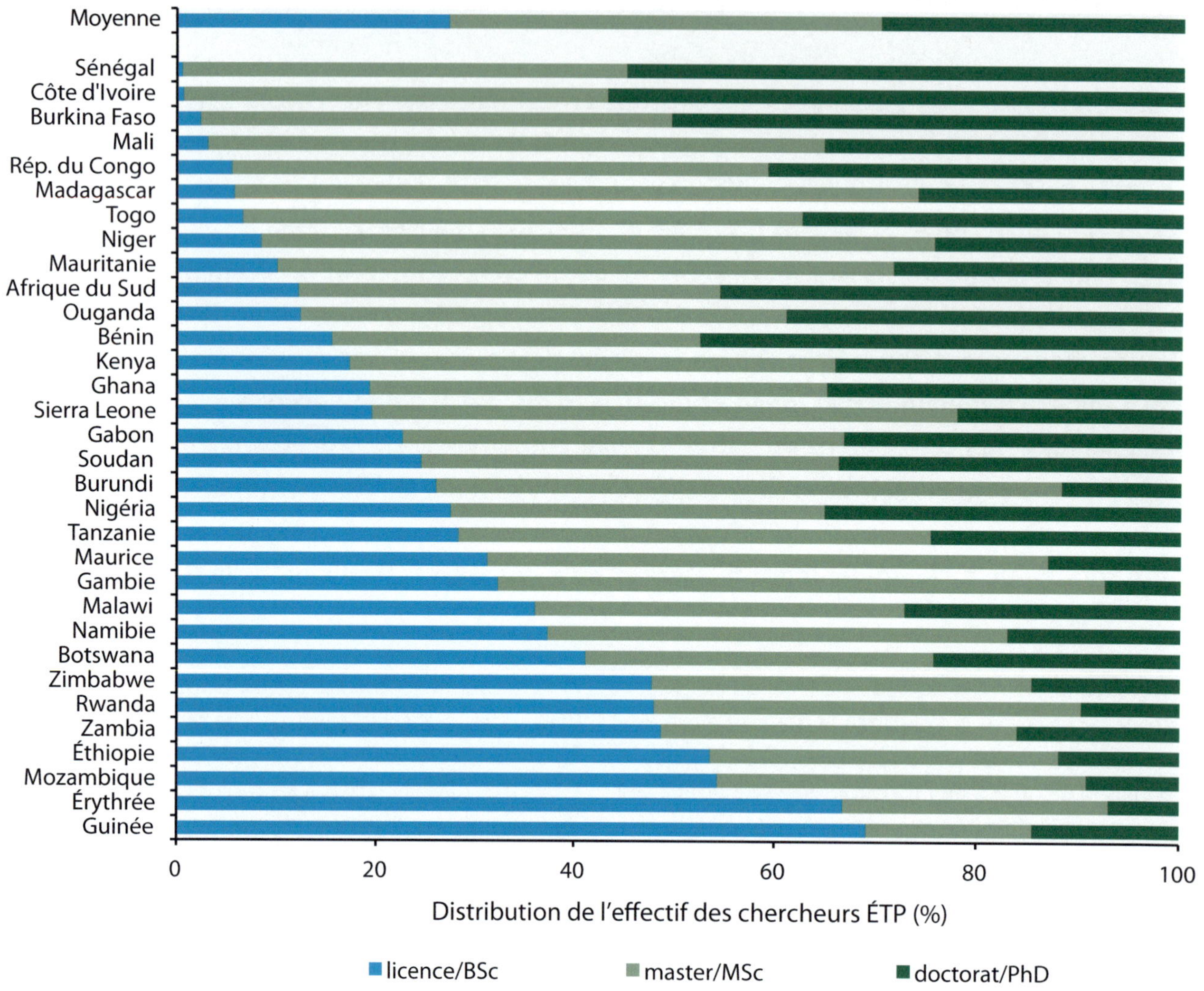

Source : compilation effectuée par les auteurs en utilisant les résultats d'enquêtes nationales ASTI.

hautement qualifiés sont peu nombreux et les chances de faire des études limitées, réduit sérieusement leurs possibilités de mener des recherches de qualité et de s'attirer une aide financière. Citons l'exemple de la Gambie qui en 2008 n'employait que 38 ÉTP chercheurs agricoles, dont deux seulement avaient achevé des études de 3ème cycle (Stads et Manneh 2010).

Alors qu'on note une croissance des effectifs de R&D agricole au niveau régional, les niveaux moyens de qualifications universitaires des chercheurs ont en fait quelque peu baissé dans l'échantillon de 30 pays ASTI (excluant le Rwanda et le Mozambique). En 2008, 27 % de tous les chercheurs ÉTP étaient titulaires d'une licence, une amélioration par rapport aux 24 % en 2001 (figure 9). Au cours de la période 2001–2008, le pourcentage de chercheurs titulaires d'un doctorat n'a connu qu'un accroissement modeste pour l'ensemble de l'échantillon, en passant de 29 à 30 %, mais on releva des tendances plus prononcées dans certains des pays. Ainsi, en 2008, la moitié des chercheurs agricoles employés dans le secteur public de la Zambie avaient accompli des études de 2ème ou 3ème cycles – changement considérable par rapport aux 70 % en 2001. Dans ce même pays, la part croissante des titulaires d'une licence/BSc s'expliqua par le fait qu'un gel de recrutement dans le secteur public et un manque de possibilités de formation appropriées coïncidaient avec une réduction des effectifs des cadres scientifiques, avec pour cause principale les cessations d'emploi soit pour partir à la retraite, soit pour rejoindre d'autres agences (Flaherty et Mwala 2010). Au Nigeria, le pourcentage global de chercheurs titulaires d'un master ou d'un doctorat est passé de 79 % en 2001 à 72 % en 2008, et le Botswana accusa également une baisse de la part correspondante, de 66 % à 59 %. En Éthiopie, au Ghana et en Ouganda, la part

Figure 9—Répartition des scientifiques agricoles, par diplôme universitaire et selon les catégories d'institutions, 2001 et 2008

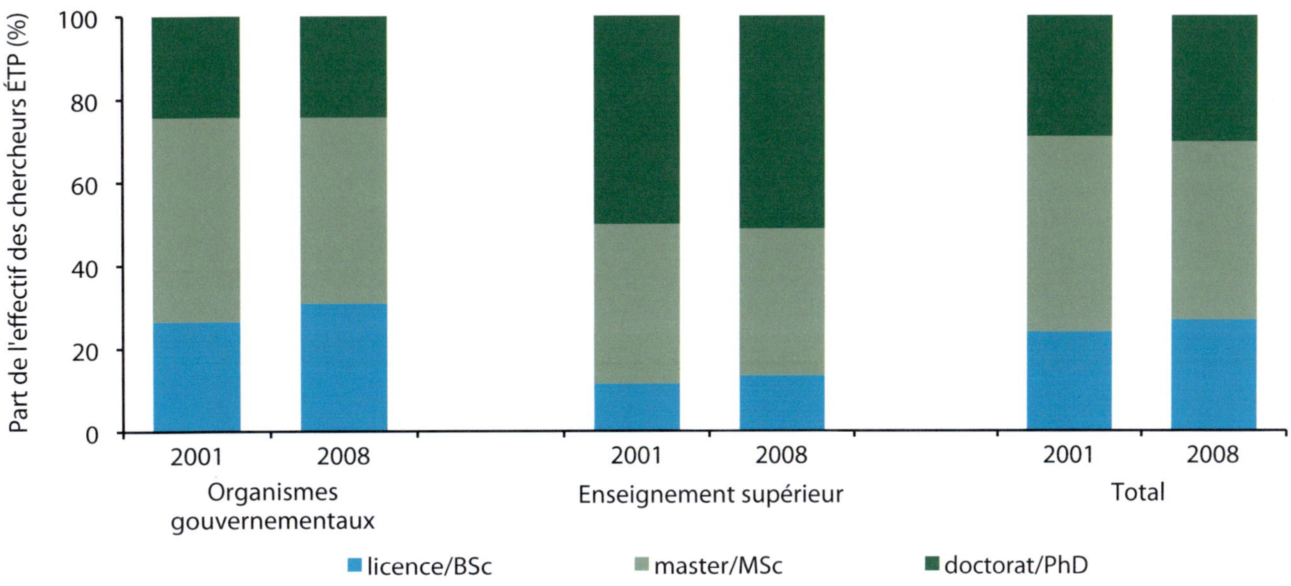

Changements dans la part du personnel titulaire d'une licence/BSc:

- croissance de 3 à 4 % en Éthiopie, au Ghana et en Ouganda
- croissance de 6 % en Nigéria
- croissance de 8 % au Botswana
- croissance de 20 % en Zambie
- Une part constante dans beaucoup d'autres pays

Source : compilation effectuée par les auteurs en utilisant les résultats d'enquêtes nationales ASTI.

Notes : Sont exclus le Mozambique et le Rwanda en raison de l'indisponibilité des données relatives à l'an 2001. Les institutions à but non lucratif ont été inclues dans « Total ».

des chercheurs ayant achevé les 2ème ou 3ème cycles a diminué de 3 % ou de 4 % au cours de la même période. Les proportions relativement importantes de chercheurs de niveau licence/BSc s'expliquaient fréquemment par la suspension d'une interdiction de recrutement, par le manque de possibilités de formation et par l'effectif décroissant des cadres scientifiques. Le secteur de l'enseignement supérieur enregistra un pourcentage plus élevé de chercheurs titulaires d'un doctorat (52 %) que le secteur public (24 %) ou bien le secteur à but non lucratif (29 %) ; c'est un phénomène que l'on retrouve dans la plupart des pays de l'Afrique subsaharienne ainsi qu'ailleurs dans le monde. L'affaiblissement des niveaux moyens de qualifications universitaires était plus prononcé au sein des organismes gouvernementaux, où l'effectif des licenciés est passé de 27 % en 2001 à 31 % en 2008, les pourcentages correspondants dans le secteur de l'enseignement supérieur étant de 11 % et de 13 %.

Au cours des années 1970 et 1980, bon nombre de pays se virent accorder des financements considérables destinés à la formation de leurs personnels, souvent dans le cadre de projets financés par la Banque mondiale ou bien d'accords bilatéraux. Or vers la fin des années 1990, la plupart des bailleurs de fonds avaient soit réduit, soit arrêté sec l'appui destiné à financer des formations de 2ème et 3ème cycles (Beintema et Stads 2006)[11]. Les nouveaux programmes PDDAA/WAAPP et EAAPP de la Banque mondiale décrits plus haut ont ouvert la voie à de nouvelles possibilités, ainsi que d'autres projets financés par l'Union européenne et d'autres bailleurs de fonds. L'Alliance pour une révolution verte en Afrique (AGRA) est une des autres initiatives qui favorise la formation. L'AGRA a déjà fourni (ou compte fournir dans un proche avenir) un financement couvrant 80 bourses pour des études de doctorat en sélection et amélioration végétales et 170 bourses d'études de 2ème cycle en agronomie. L'AGRA envisage de plus de renforcer les programmes axés sur les sciences du végétal dans au moins 10 universités africaines, en livrant des formations dans des disciplines afférentes à la qualité des sols destinées à entre

Figure 10—La part des auxiliaires de recherche titulaires d'un diplôme universitaire (dans l'effectif de recherche total) : sélection de pays, 2008

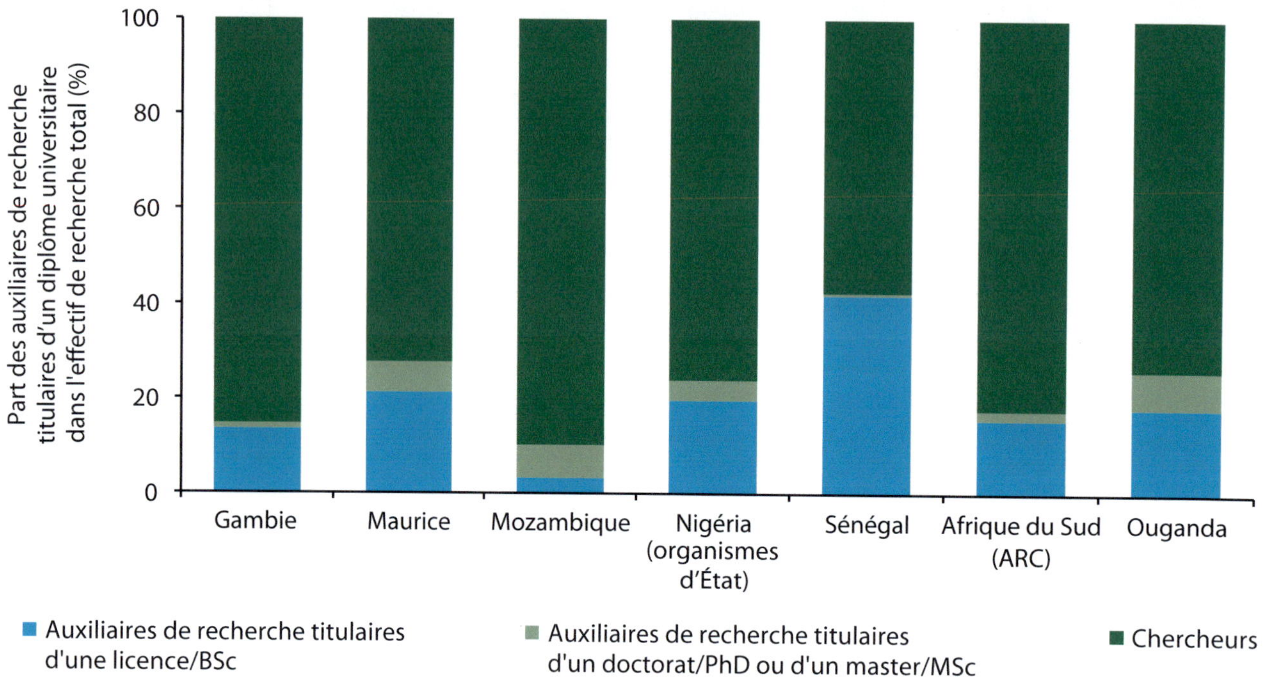

Source : compilation effectuée par les auteurs en utilisant les résultats d'enquêtes nationales ASTI.

40 et 50 doctorants, à 120 scientifiques inscrits en master et à 200 techniciens de laboratoire (AGRA 2010).

Un nombre croissant d'auxiliaires de recherche (techniciens, assistants de recherche et de laboratoire) ont accompli des études de 1er, 2ème et occasionnellement 3ème cycles mais ils ne sont pas classés comme « chercheurs » (figure 10). Au Sénégal, par exemple, pour intégrer la catégorie « chercheur », il faut au moins avoir passé un master/MSc, donc les 105 scientifiques de l'ISRA titulaires d'une licence sont classés « techniciens » (Stads et Sène 2010). En Ouganda, 50 % des techniciens et autres auxiliaires de la NARO étaient titulaires d'un master ou d'une licence, la plupart ayant obtenu leur diplôme sans aide officielle de l'institution. Bien qu'au cours des dernières années, la NARO ait multiplié son nombre de postes de recherche, les possibilités d'avancement y demeurent limitées parce que les aspirants doivent remplir certaines conditions minimales dont celle d'être titulaire d'un master/MSc (Flaherty, Kitone et Beintema 2010). À l'encontre des situations observées au Sénégal et en Ouganda, les membres du personnel auxiliaire du DRD tanzanien sont promus à la position de « chercheur » dès lors qu'ils sont titulaires d'une licence/d'un BSc (Flaherty et Lwezaura 2010). Dans certains pays, le vivier d'auxiliaires diplômés est relativement grand. Au Sénégal, 43 % de tous les employés de recherche diplômés sont des techniciens ; le pourcentage correspondant avoisine 25 % à Maurice, en Ouganda et au Nigeria (où seuls les organismes gouvernementaux ont été pris en compte) (figure 10). Il est important de recueillir une information quantitative afférente aux techniciens de recherche, qui – moyennant des formations pertinentes et de possibilités d'avancement – sont susceptibles de devenir une ressource de grande valeur profitant à la R&D agricole future de l'Afrique.

Renouveler le vivier d'experts scientifiques marqué par le vieillissement des cadres

Dans bon nombre de pays de la région, les traitements, les régimes de retraite et les conditions de travail laissent à désirer. De surcroît, de nombreuses institutions voulant conduire des recherches se heurtent à des infrastructures vétustes et à l'insuffisance des budgets de fonctionnement. En dépit de la multiplication des possibilités de formation dans certains pays, mentionnée précédemment, les agences de recherche ont de la difficulté à retenir leurs chercheurs une fois que ceux-ci sont admis à des grades supérieurs et peuvent aspirer à des situations plus lucratives, que ce soit au sein des secteurs privé ou de l'enseignement, ou bien à l'étranger (FARA 2006 ; Banque mondiale 2007c). Dans de nombreux de pays, notamment d'Afrique orientale et australe, le vieillissement rapide du vivier d'experts scientifiques présente une situation fort préoccupante, d'autant plus que de nombreux chercheurs

Figure 11—Répartition selon l'âge des chercheurs agricoles des principaux organismes gouvernementaux et dans l'enseignement supérieur : sélection de pays, 2007

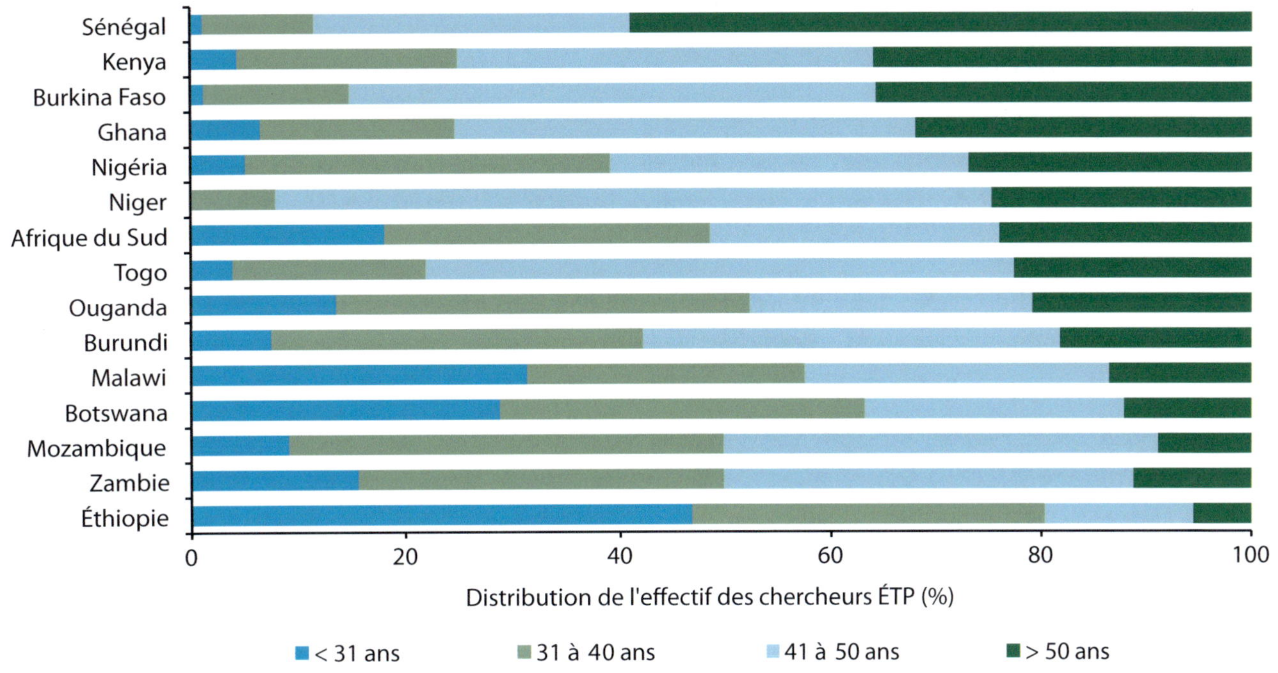

Source : compilation effectuée par les auteurs en se basant sur ASTI–AWARD 2008.

cadres vont atteindre l'âge de la retraite dans la décennie à venir. Par exemple, au sein des principaux organismes de recherche du Cameroun et de la République du Congo, les chercheurs agricoles ont en moyenne largement dépassé le cap de la cinquantaine. En 2007, 27 % des chercheurs de CSIR ghanéen avaient 51 ans ou plus, tandis que la moitié se situait dans la tranche d'âge des 41–50 ans (figure 11)[12]. En cette même année-là, 36 % des chercheurs du KARI au Kenya avaient 51 ans ou plus. Le Sénégal présente le vivier de scientifiques le plus avancé en âge vu qu'en 2007, 59 % des chercheurs dépassaient sensiblement les 50 ans. En 2003, l'ISRA employait 70 scientifiques titulaires d'un doctorat, contre 54 seulement en 2008. Parmi ceux qui ont quitté l'institut, certains sont partis profiter de situations plus avantageuses dans les secteurs privé ou de l'enseignement supérieur, où les salaires seraient jusqu'à trois fois plus élevés que ceux payés dans le secteur public ; et de nombreux cadres d'un âge avancé ont pris leur retraite (Stads et Sène 2010).

Certains organismes ont entrepris d'instituer des stratégies de fidélisation, tel le KARI au Kenya, où la mise en place d'une procédure d'évaluation du personnel sert de base à l'obtention d'un avancement. Cet institut œuvre de plus à instaurer d'autres mesures incitatives telles que de meilleures prestations de maladie. Le KARI exige de plus que les employés qui bénéficient d'une offre de formation s'engagent à travailler pour l'institut pendant une période convenue. Vers le milieu des années 2000, le KARI et d'autres instituts kenyans ont réussi à persuader le gouvernement de reporter l'âge de la retraite de 55 à 65 ans, non seulement pour parer au manque de cadres scientifiques, mais aussi pour pallier le temps nécessaire à ceux qui se préparent à l'inscription en master ou en doctorat et qui entreprennent les études aboutissant à ces diplômes. Il semblait en effet logique de prolonger la période de productivité de ces chercheurs une fois une fois qu'ils avaient obtenu toutes les qualifications requises. Ce report de l'âge de la retraite a de plus servi à inciter des jeunes cadres, y compris des techniciens diplômés, à vouloir se remettre aux études, parfois même à leurs propres frais.

Dans les pays ayant une faible capacité de recherche, il est encore plus difficile de s'attirer du bon personnel puis de le garder, comme l'illustre le cas de l'Institut national de recherche agricole de la Gambie. En effet, au cours de la période 2003–2009, cet institut a perdu sept chercheurs titulaires d'un doctorat pour cause de retraite, de départ ou de décès ; parmi les chercheurs qui lui sont restés, nombreux sont ceux qui n'ont pas fait d'études avancées ou qui manquent d'expérience (Stads et Manneh 2010). Le fait même que l'expertise scientifique des petits pays demeure en deçà d'un seuil critique souligne aussi la nécessité de lancer des initiatives régionales centrées sur les besoins spécifiques et la vulnérabilité de cette catégorie de pays.

Face aux défis actuels, comment aborder l'avenir ? Orientations futures

Les nouvelles données quantitatives présentées dans ce rapport montrent que, suite à une période de stagnation, les niveaux de dépenses et de capacités humaines affectées à la R&D agricole publique ont augmenté pour l'ensemble de l'Afrique subsaharienne. On constate cependant que seul un petit nombre de pays ont ainsi vu croître leurs investissements ; bon nombre d'autres pays ont accusé une stagnation ou même une baisse des niveaux. Les rapports variés d'un nombre important de pays indiquent qu'il a fallu compter avec des gels de recrutement, des possibilités de formation limitées, un vieillissement généralisé des personnels de recherche, des pertes de cadres scientifiques ainsi que, plus récemment, le recrutement d'un nombre disproportionné de scientifiques jeunes, titulaires d'une licence/BSc. Certains pays présentent des niveaux d'investissements et de ressources humaines si faibles que la question de l'impact de la R&D agricole sur le développement rural et la réduction de la pauvreté y devient au mieux discutable. Cela est particulièrement vrai dans le cas des pays francophones de l'Afrique centrale et de l'Ouest qui présentent des systèmes de R&D agricole extrêmement fragiles, qui demeurent lourdement tributaires de l'aide au développement et dont les chercheurs agricoles se rapprochent rapidement de l'âge de la retraite.

Des systèmes nationaux de recherche agricole bien développés et des niveaux d'investissement adéquats constituent d'importantes conditions préalables au développement agricole, à la sécurité alimentaire et à la réduction de la pauvreté. Ces dernières années, des gouvernements ont manifesté un renouveau d'intérêt à appuyer le développement agricole en Afrique subsaharienne. Le PDDAA, le Sommet du G8 à l'Aquila, l'Équipe spéciale de haut niveau sur la crise alimentaire mondiale, ainsi que des initiatives internationales visant la mitigation du changement climatique et une bonne gestion des ressources naturelles, voilà autant contributions à l'effort de replacer l'agriculture et la R&D agricole au cœur des préoccupations politiques. Or il faut que les gouvernements, les bailleurs de fonds et les autres parties prenantes concrétisent ce gage de soutien politique en une série de directives spécifiques, sans quoi les nombreux problèmes que rencontrent les systèmes de R&D agricoles ne pourront être abordés. Différents rapports et comptes-rendus de réunions d'experts influents ont permis de constituer un cadre d'élaboration de recommandations politiques ; citons entre autres le World Development Report 2008 (Banque mondiale 2007a), le rapport de synthèse de l'Évaluation internationale des connaissances agricoles, de la science et de la technologie pour le développement (EICASTD 2008), ainsi que le rapport que l'équipe mondiale d'experts « GAT » (Lele et al. 2010) a préparé pour diffusion lors de la Conférence mondiale sur la recherche agricole pour le développement. À noter, en particulier, qu'un rapport du Conseil interacadémique (IAC) intitulé « Réaliser les promesses et potentiels de l'agriculture africaine » (Realizing the Promise and Potential of African Agriculture, CIA 2004) comprend une liste détaillée de recommandations stratégiques, étayées de propositions d'action adaptées à des groupes ciblés (voir le chapitre 8 et l'annexe B dudit rapport). À l'heure qu'il est – en dépit de l'augmentation considérable des investissements et des capacités de R&D perçue au niveau de la région depuis le début du millénaire – la plupart des directives politiques et des actions qu'ont proposées l'IAC et les autres experts sont toujours d'actualité et pertinentes. Il ressort de l'étude des recommandations stratégiques émises par les experts ainsi que de la prise en considération des diverses contraintes de ressources financières et humaines décrites dans ce rapport, que les gouvernements, les bailleurs de fonds et les autres parties intéressées se doivent d'aborder quatre thématiques clés ayant des implications politiques. Dans ce qui suit nous examinons chacune de ces quatre thématiques.

Rattraper le retard causé par plusieurs décennies de sous-investissement dans la R&D agricole. Les appels réclamant une augmentation des investissements dans les systèmes de recherche agricole des pays en développement se sont multipliés au cours de ces dernières années (IAC 2004 ; Banque mondiale

2007a ; EICASTD 2008 ; Lele et al. 2010). Tel qu'en témoigne le présent rapport, en Afrique subsaharienne, plusieurs gouvernements nationaux ont augmenté leurs subventions à la recherche agricole, mais dans la plupart des pays, les investissements ne se réalisent toujours pas aux niveaux requis pour pouvoir répondre aux besoins de la R&D agricole. Dans les pays où l'on enregistre une hausse des dépenses, la plupart des fonds ont servi à des augmentations de salaires ou bien à la réhabilitation des infrastructures et des équipements. Or, à ces investissements importants doivent s'ajouter des allocations de ressources permettant de multiplier, de varier et d'intensifier les activités de recherche existantes. C'est d'urgence que les gouvernements doivent aborder le problème du sous-investissement dans la R&D : ils devront dégager des crédits supplémentaires pour appuyer les programmes de recherche, sans quoi les investissements ne pourront conduire à une meilleure productivité agricole. Ce renforcement de l'appui des gouvernements doit, de plus, inclure des allocations aux universités à fin de leur permettre d'établir et de maintenir des programmes de recherche fondamentaux, car actuellement l'offre est bien limitée. Par ailleurs, les gouvernements, les bailleurs de fonds et les organisations régionales et internationales se doivent de collaborer plus étroitement et de renouveler leurs engagements financiers vis-à-vis de la R&D agricole pour que les pays de l'Afrique subsaharienne puissent atteindre l'objectif fixé par le PDDAA, à savoir un taux de croissance annuel du PIBA à hauteur de 6 % ainsi que les objectifs de réduction de la pauvreté et de la faim (Objectifs du millénaire pour le développement). Pour finir, il est important de diversifier les sources de financement en stimulant, par exemple, la vente de biens et de services et la participation à la recherche du secteur privé, qu'elle soit active ou bien sous forme d'appui financier. Comme nous l'avons indiqué plus haut, cette diversification ne peut se faire que si les gouvernements nationaux s'engagent à créer un environnement politique favorable.

Mettre fin à la volatilité excessive des niveaux annuels d'investissement. Les séries de données présentées dans ce rapport révèlent que le financement de la R&D en Afrique subsaharienne a été extrêmement inconstant. De nombreux pays continuent à être lourdement dépendants des apports très instables de l'aide étrangère ou bien des prêts octroyés par les banques de développement et dans bien des cas, la clôture d'un grand projet financé par des bailleurs de fonds a précipité le pays bénéficiaire dans une crise financière grave, en sapant une bonne partie des gains. Cela signifie que l'absence de mécanismes de durabilité appropriés et viables entraîne fréquemment l'érosion rapide des progrès réalisés au cours de la mise en œuvre des projets de l'aide au développement. Puisque les interventions des bailleurs de fonds sont typiquement ponctuelles et de courte durée, l'efficacité et le succès à long terme de ce type de financement peuvent être matière à contestation. En outre, de par sa nature même, la recherche entraîne qu'un décalage sépare l'investissement en R&D agricole du moment de l'obtention des résultats qui s'ensuivent, c'est-à-dire des bénéfices tangibles (Alston, Pardey et Piggott 2006) ; cette réalité ne fait que souligner la nécessité de garantir des financements stables et de longue durée. Seul un financement stable et durable accordé par l'État peut mettre fin aux fluctuations annuelles des niveaux de dépenses. Les gouvernements se doivent donc de définir avec précision les priorités nationales de R&D et, sur cette base, d'élaborer des programmes de R&D agricole qui soient pertinents, spécifiques et cohérents. Il importe que les financements des bailleurs de fonds soient mieux alignés sur les priorités nationales et il faut veiller à ce que différents programmes appuyés de l'extérieur se complètent et s'inscrivent dans une même logique. L'accomplissement de progrès réels implique nécessairement un appui soutenu à long terme des gouvernements nationaux, des bailleurs de fonds et des organisations régionales et internationales.

S'attaquer aux problèmes de ressources humaines, actuels et imminents. Une inquiétude grandissante se manifeste à l'égard de l'insuffisance des capacités en matière de ressources humaines, qui empêche la R&D agricole de réagir adéquatement en face des défis qui émergent au niveau mondial. Les gouvernements nationaux et les agences de développement doivent élargir leur champ d'investissement dans l'éducation supérieure de manière à permettre aux universités d'augmenter le nombre et la portée de leurs programmes d'études de 2ème et 3ème cycles, tout en améliorant la qualité des curricula universitaires en place. La communauté régionale peut jouer un rôle important à cet égard, tout particulièrement lorsqu'il s'agit d'épauler les petits pays où les possibilités de faire des études de niveau master/MSc ou doctorat/PhD formation sont très limitées, voire nulles. Ces dernières années ont vu l'apparition de plusieurs initiatives régionales de renforcement des capacités mais il faut les développer pour pouvoir s'attaquer à certains des problèmes décrits dans ce rapport, tels que le vieillissement des viviers de cadres scientifiques et la part croissante des effectifs qu'absorbent les jeunes chercheurs dans un grand nombre de pays. Des gels de recrutement prolongés ont privé de nombreux pays d'une couche de cadres moyens, prêts à accéder à l'échelon supérieur lorsque les anciens prennent leur retraite et capables de former et guider les jeunes chercheurs qui les suivent. Outre la création de programmes de formation universitaires, les agences de recherche agricoles doivent instaurer des programmes de mentorat en vue de faciliter la formation sur le tas des jeunes scientifiques. Les gouvernements nationaux devront également promouvoir les sciences (agricoles) en encourageant les jeunes à envisager une carrière scientifique ; cela inclut la responsabilité de consolider l'enseignement scientifique aux niveaux primaire et secondaire. Par ailleurs, de nombreux pays affectés par de graves lacunes en matière de ressources humaines devront repousser l'âge de la retraite des fonctionnaires ou bien introduire des possibilités d'emploi flexible de manière à s'assurer que des chercheurs retraités puissent apporter leurs contributions précieuses à des activités de formation et de mentorat.

Maximiser la coopération régionale et sous-régionale dans le domaine de la R&D agricole. Vu la hauteur des frais fixes inhérents à la recherche, les petits pays ne disposent généralement pas du niveau critique de capacités de R&D agricole requis et de ce fait, ils doivent surmonter d'énormes obstacles autant pour réaliser des produits pertinents de haute qualité, que pour y avoir accès. Bien souvent, la seule solution viable – et efficace – c'est de collaborer au niveau régional. C'est en effet grâce aux collaborations régionales que des innovations technologiques mises au point dans un pays donné, peuvent avoir un impact immédiat dans d'autres pays aux conditions agroclimatiques similaires ; on parle alors de l'effet « saute-mouton ». Il faut multiplier les efforts créatifs d'établir et de développer de solides liaisons au niveau de la sous-région en vue de porter au maximum les possibilités de synergie qui se présentent. Puisque de nombreuses initiatives régionales opèrent sous forme de réseaux, le CGIAR continuera dans son rôle de fournisseur de technologies agricoles de pointe dans la plupart des pays de l'Afrique subsaharienne, tout en poursuivant également son travail de renforcement des capacités.

Le suivi des performances, des intrants et des résultats des systèmes de S&T agricoles est d'une importance capitale pour l'évaluation des progrès réalisés par rapport aux objectifs du PDDAA et par rapport aux recommandations stratégiques et aux directives politiques adoptées par les différentes conférences et émises dans les différents rapports décrits plus haut. Une information actualisée est cruciale pour pouvoir interpréter correctement la situation et l'orientation actuelles des systèmes de recherche agricole de l'Afrique subsaharienne. La collecte à intervalles réguliers des données sur les investissements et les capacités consacrés aux S&T agricoles, tels qu'entreprise par le programme ASTI, revêt donc une importance fondamentale.

Notes

1. Ont été exclus les pays (a) qui n'ont qu'une capacité de recherche infime (par ex. le Cap Vert et le Swaziland) ; (b) qui n'ont répondu à notre invitation à collaborer (par ex. le Cameroun et le Tchad) ; et/ou (3) qui n'étaient pas en mesure de nous fournir une information suffisante (par ex. l'Angola et la République démocratique du Congo).

2. Une série d'analyses plus approfondies, devant paraître en 2011, apportera un supplément d'information détaillant les tendances décrites dans ce rapport.

3. Roseboom, Pardey et Beintema (1998) et Beintema et Stads (2006) fournissent un aperçu historique détaillé de l'évolution institutionnelle afférente à la R&D en Afrique subsaharienne.

4. Le programme ASTI mène également à une enquête sur le rôle du secteur privé dans la R&D et l'innovation agricoles au Kenya, au Sénégal, en Afrique du Sud, en Tanzanie et en Zambie. Une synthèse des résultats est en cours d'élaboration et sera disponible avant la fin de l'année 2011.

5. La SADC œuvre actuellement à l'établissement du Centre de coordination de la recherche et du développement agricoles de l'Afrique australe (CCARDESA), selon le modèle de l'ASARECA et du CORAF. Le CCARDESA deviendra opérationnel en 2011.

6. Le taux d'intensité examiné dans ce rapport concerne seulement le nombre de chercheurs pour chaque tranche de million de la population économiquement active ; d'autres taux d'intensité sont présentés dans l'outil interactif ASTI : www.asti.cgiar.org/data.

7. Ce total n'inclut pas les dépenses de R&D des organisations régionales et internationales telles que les centres de recherche du CGIAR.

8. C'est là une référence aux « Big Five » ou « Cinq Grands de l'Afrique », terme utilisé pour désigner les cinq grands mammifères craints et respectés par les chasseurs de fauves d'autrefois : le lion, le léopard, le rhinocéros, l'éléphant et le buffle.

9. C'est en forgeant de tels partenariats que l'on pourra accélérer la mise au point de technologies nouvelles et réduire les coûts de la recherche. À noter toutefois que ce potentiel n'existe que s'il s'agit de technologies dont les bénéfices peuvent être appropriés (Spielman, Hartwich et von Grebmer 2007 ; Echeverría et Beintema 2009).

10. Dans le cas du Nigeria, par exemple, l'introduction de programmes de subventions concurrentiels a eu lieu depuis quelque temps déjà mais on attend toujours d'apprendre quels pays se sont portés candidats (Flaherty et al. 2010a). De même, malgré la promulgation, dès 1997, d'une loi relative à la création du Fonds de développement scientifique et technologique de la Zambie, ce Fonds n'est toujours pas opérationnel (Flaherty et Mwala 2010).

11. Parmi les causes possibles on note que les coûts afférents aux formations suivies à l'étranger sont élevés et que le pourcentage d'étudiants qui reviennent aux pays une fois leurs études accomplies est relativement bas (Beintema et Stads 2006).

12. En 2008, le programme ASTI et le programme AWARD (*African Women in Agricultural Research and Development*) ont conjointement mené une enquête pour recueillir des indicateurs de capacités humaines désagrégés par sexe auprès de 125 organismes de recherche et d'enseignement supérieur dans 15 pays d'Afrique subsaharienne. Pour de plus amples détails, se référer à Beintema et Di Marcantonio (2010).

Références

AGRA (Alliance pour une révolution verte en Afrique). 2010. « AGRA's Programs ». Site consulté le 17 novembre, 2010. http://www.agra-alliance.org/section/work.

Alston, J. M., P. G. Pardey, et R. R. Piggott. 2006. « Synthesis of Themes and Policy Issues ». In *Agricultural R&D in the Developing World: Too little, Too Late?*, édité par J. M. Alston, P. G. Pardey, et R. R. Piggott. Washington, DC: Institut international de recherche sur les politiques alimentaires.

ASTI (Indicateurs relatifs aux sciences et aux technologies agricoles). Site web ASTI. http://www.asti.cgiar.org/fr.

ASTI–AWARD (Indicateurs relatifs aux sciences et aux technologies agricoles et African Women in Agricultural Research and Development). 2008. « Gender-Disaggregated Capacity Indicators in Sub-Saharan Africa, 2007/08 ». Enquêtes inédites. Institut international de recherche sur les politiques alimentaires, Washington, DC, et Programme du CGIAR sur l'égalité des sexes et la diversité, Nairobi.

Banque mondiale. 2007a. *World Development Report 2008: Agriculture for Development.* [*Rapport sur le développement dans le monde 2008. L'agriculture au service du développement.*] Washington, DC.

————. 2007b. *First Phase of a Support Program to the West Africa Agricultural Productivity Program (WAAPP).* Rapport d'information initiale sur le projet. Rapport 43482. Washington, DC.

————. 2007c. *Cultivating Knowledge and Skills to Grow African Agriculture.* Washington, DC.

————. 2009. *Project Appraisal Document on Three Proposed Credits in the Amount of SDR 20.1 Million (US$30 Million Equivalent) to the Federal Democratic Republic of Ethiopia, of SDR 20.1 Million (US$30 Million Equivalent) to the Republic of Kenya, of SDR 20.1 Million (US$30 Million Equivalent) to the United Republic of Tanzania for a Total of SDR 60.3 Million (US$90 Million Equivalent) for Eastern Africa Agricultural Productivity Program APL1 in Support of the First Phase of the Eastern Africa Agricultural Productivity Program.* Rapport 48295-AFR. Washington, DC.

————. 2010. *World Development Indicators.* Washington, DC. Site consulté en November 2010. http://data.worldbank.org/data-catalog/world-development-indicators/wdi-2010.

Beintema, N. M., et F. Di Marcantonio. 2010. *Female Participation in African Agricultural Research and Higher Education: New Insights. Synthesis of the ASTI–Award Benchmarking Survey on Gender-Disaggregated Capacity Indicators.* IFPRI Discussion Paper 957. Washington, DC, et Nairobi: Institut international de recherche sur les politiques alimentaires et Programme AWARD (African Women in Agricultural Research and Development).

Beintema, N. M., et G. J. Stads. 2006. *Agricultural R&D in Sub-Saharan Africa: An Era of Stagnation.* ASTI Background Report [Rapport de référence ASTI]. Washington, DC: Institut international de recherche sur les politiques alimentaires.

————. 2008a. *Measuring Agricultural Research Investments: A Revised Global Picture.* ASTI Background Report [Rapport de référence ASTI]. Washington, DC: Institut international de recherche sur les politiques alimentaires.

————. 2008b. *Diversity in Agricultural Research Resources in the Asia-Pacific Region.* Washington, DC, et Bangkok : Institut international de recherche sur les politiques alimentaires et Asia-Pacific Association of Agricultural Research Institutions [Association des institutions de recherche agricole de l'Asie et du Pacifique] (APAARI).

————. 2010. *Public Agricultural R&D Investments and Capacities in Developing Countries: Recent Evidence for 2000 and Beyond.* Document de référence destiné à la Conférence mondiale sur la recherche agricole pour le développement, Montpellier, France, March 28–31. Washington, DC: Institut international de recherche sur les politiques alimentaires.

————. À paraître prochainement. *ASTI Toolkit—Monitoring Agricultural R&D Capacity and Investment Indicators: A Practitioner's Guide to ASTI's Methodologies & Data Collection Standards.* Washington, DC: Institut international de recherche sur les politiques alimentaires.

EICASTD (Evaluation internationale des connaissances agricoles, de la science et de la technologie pour le développement). 2008. *Synthesis Report.* Washington, DC: Island Press.

Echeverría, R. G., et N. M. Beintema. 2009. *Mobilizing Financial Resources for Agricultural Research in Developing Countries: Trends and Mechanisms.* Rome: Forum mondial de la recherche agricole (GFAR).

FARA (Forum pour la recherche agricole en Afrique). 2006. *Agricultural Research Delivery in Africa: An Assessment of the Requirements for Efficient, Effective and Productive National Agricultural Research Systems in Africa: Main Report and Strategic Recommendations.* Accra, Ghana: Forum pour la recherche agricole en Afrique (FARA).

FAO (Organisation des Nations Unies pour l'alimentation et l'agriculture). 2009. FAOSTAT Database. Site consulté le 23 mars 2010. http://faostat.fao.org/site/452/default.aspx.

Flaherty, K., et D. Lwezaura. 2010. *Tanzania.* ASTI Country Note. Washington, DC, et Dar es Salaam: Institut international de recherche sur les politiques alimentaires et Département de la recherche et du développement (DRD).

Flaherty, K., et M. Mwala. 2010. *Zambia.* ASTI Country Note. Washington, DC, et Lusaka: Institut international de recherche sur les politiques alimentaires.

Flaherty, K., G. O. Essegbey et R. Asare. 2010. *Ghana.* ASTI Country Note. Washington, DC, et Accra: Institut international de recherche sur les politiques alimentaires et Conseil pour la recherche scientifique et industrielle (CSIR).

Flaherty, K., F. Kelemework et K. Kelemu. 2010. *Ethiopia.* ASTI Country Note. Washington, DC, et Addis Ababa: Institut international de recherche sur les politiques alimentaires et Institut éthiopien de recherche agricole (EIAR).

Flaherty, K., D. Kitone et N. M. Beintema. 2010. *Uganda.* ASTI Country Note. Washington, DC, et Entebbe: Institut international de recherche sur les politiques alimentaires et Organisation national de recherche agricole (NARO).

Flaherty, K., G. F. Liebenberg et J. Kirsten. 2010. *South Africa.* ASTI Country Note. Washington, DC, et Pretoria: Institut international de recherche sur les politiques alimentaires, Conseil de la recherche agricole (ARC) et Université de Pretoria.

Flaherty, K., F. Mazuze et R. Mahanzule. 2010. *Mozambique.* ASTI Country Note. Washington, DC, et Maputo: Institut international de recherche sur les politiques alimentaires et Institut de recherche agricole du Mozambique (IIAM).

Flaherty, K., G. Ayoola, J. Ogbodo et N. M. Beintema. 2010a. *Nigeria.* ASTI Country Note. Washington, DC, et Abuja: Institut international de recherche sur les politiques alimentaires, Conseil de la recherche agricole du Nigeria (ARCN), et la Fondation Farm and Infrastructure (FIF).

Flaherty, K., F. Murithi, W. Mulinge et E. Njuguna. 2010b. *Kenya.* ASTI Country Note. Washington, DC, et Nairobi: Institut international de recherche sur les politiques alimentaires et Institut de recherche agricole du Kenya (KARI).

IAC (Conseil interacadémique). 2004. *Realizing the Promise and Potential of African Agriculture: Science and Technology Strategies for Improving Agricultural Productivity and Food Security in Africa.* Amsterdam: Conseil interacadémique (IAC).

Kangasniemi, J. 2002. « Financing Agricultural Research by Producers' Organizations in Africa ». In *Agricultural Research Policy in an Era of Privatization,* édité par D. Byerlee et R. G. Echeverría. Wallingford, Royaume-Uni: CAB International.

Lele, U., J. Pretty, E. Terry et E. Trigo. 2010. « Transforming Agricultural Research for Development ». Rapport rédigé dans le cadre de la Conférence mondiale sur la recherche agricole pour le développement, Montpellier, France, du 28 au 31 mars. Rome: Forum mondial de la recherche agricole (GFAR).

Montpellier Panel. 2010. *Africa and Europe: Partnerships for Agricultural Development.* London: Imperial College.

NEPAD (Nouveau partenariat pour le développement de l'Afrique, Bureau pour la science et la technologie). 2006. *Africa's Science and Technology Consolidated Plan of Action*. Pretoria: Nouveau partenariat pour le développement de l'Afrique (NEPAD).

NEPAD–CAADP (Nouveau partenariat pour le développement de l'Afrique – Programme détaillé de développement de l'agriculture en Afrique). 2010. « Pilier 4 : Recherche agricole ». Site consulté en novembre 2010. http://www.nepad-caadp.net/francais/pillar-4.php.

Rahija, M., J. Ramkissoon et G. J. Stads. 2010. Mauritius. ASTI Country Note. Washington, DC, et Port Louis: Institut international de recherche sur les politiques alimentaires et Conseil national de la recherche alimentaire et agricole (FARC).

Roseboom, J., P. G. Pardey et N. M. Beintema. 1998. *The Changing Organizational Basis of African Agricultural Research*. Environment and Production Technology Division. Discussion Paper 37. Washington, DC: Institut international de recherche sur les politiques alimentaires.

Spielman, D. J., F. Hartwich, et K. von Grebmer. 2007. *Sharing Science, Building Bridges, and Enhancing Impact: Public–Private Partnerships in the CGIAR*. Institut international de recherche sur les politiques alimentaires. Discussion Paper 708. Washington, DC: Institut international de recherche sur les politiques alimentaires.

Stads, G. J., et N. M. Beintema. 2009. *Public Agricultural Research in Latin America and the Caribbean: Investment and Capacity Trends*. ASTI Synthesis Report [Rapport de synthèse ASTI]. Washington, DC: Institut international de recherche sur les politiques alimentaires et Banque interaméricaine de développement (BID).

Stads, G. J., et S. Doumbia. 2010. *Côte d'Ivoire*. Note de pays ASTI. Washington, DC, et Abidjan: Institut international de recherche sur les politiques alimentaires et Centre national de recherche agricole (CNRA).

Stads, G. J., et K. El-Siddig. 2010. *Sudan*. ASTI Country Note. Washington, DC, et Wad Madani: Institut international de recherche sur les politiques alimentaires et Société de recherche agricole (ARC).

Stads, G. J., et F. Manneh. 2010. *The Gambia*. ASTI Country Note. Washington, DC, et Banjul: Institut international de recherche sur les politiques alimentaires et Institut national de recherche agricole (NARI).

Stads, G. J., et L. Sène. 2010. *Sénégal*. Note de pays ASTI. Washington, DC, et Dakar: Institut international de recherche sur les politiques alimentaires et Institut sénégalais de recherches agricoles (ISRA).

Stads, G. J., M. Issoufou, et A. M. Massou. 2010. *Niger*. Note de pays ASTI. Washington, DC, et Niamey: Institut international de recherche sur les politiques alimentaires et Institut national de la recherche agronomique du Niger (INRAN).

À propos des auteurs

Nienke Beintema est le chef du programme « Indicateurs relatifs aux sciences et technologies agricoles (ASTI) » de l'Institut international de recherche sur les politiques alimentaires (IFPRI).

Gert-Jan Stads est le coordonnateur du programme ASTI de l'IFPRI.

Made in the USA
Monee, IL
08 May 2026

49714783R00026